天津市哲学社会科学规划研究项目成果

# 面向智慧化建设的
## 社区生活圈配套设施布局优化

左进　孟蕾　曾韵 ◎ 著

中国建筑工业出版社

**图书在版编目（CIP）数据**

面向智慧化建设的社区生活圈配套设施布局优化 / 左进，孟蕾，曾韵著.
—北京：中国建筑工业出版社，2020.5（2022.12 重印）
ISBN 978-7-112-25078-3

Ⅰ.①面⋯　Ⅱ.①左⋯②孟⋯③曾⋯　Ⅲ.①社区 – 城市规划 – 研究 – 河东区　Ⅳ.① TU984.12

中国版本图书馆CIP数据核字（2020）第075587号

本书针对"社区生活圈"的规划理念与内涵，梳理其相较于传统居住区规划方法的转变与特征，总结社区生活圈配套设施布局优化面临的关键问题和挑战；运用多种智能技术整合城市多源数据、统筹社区空间资源、优化配套设施布局，构建面向智慧化建设的社区生活圈配套设施布局评估与优化方法，从而提升社区生活圈智慧化建设的科学性与系统性。本书适用于城市规划、城市设计、建筑设计、环境设计等方向的从业人员和在校师生，以及相关政府机构人员阅读使用。

责任编辑：唐　旭　张　华
责任校对：李美娜

**面向智慧化建设的社区生活圈配套设施布局优化**
左进　孟蕾　曾韵　著
\*
中国建筑工业出版社出版、发行（北京海淀三里河路9号）
各地新华书店、建筑书店经销
北京雅盈中佳图文设计公司制版
北京中科印刷有限公司印刷
\*
开本：787×1092毫米　1/16　印张：11½　字数：220千字
2020年5月第一版　2022年12月第二次印刷
定价：58.00元
ISBN 978-7-112-25078-3
（35787）

# 序 /

　　作为人类理想的栖息地，城市的演进与人类自身的发展交织并存、相互促进。城市，作为人类最主要的活动空间和居住形态，日益成为人类活动和世界发展、变革的主要发生器。随着新型城镇化建设的推进，工业文明的"生产驱动"逐步转向生态文明的"生活驱动"。完善城市治理体系，提高城市治理能力，是满足人民日益增长的美好生活需要、提升城市宜居度与幸福感的重要一环。2020年春节期间，新冠肺炎疫情的防控工作是对城市治理水平与应急能力的严峻考验。其中，科学化、精细化与智能化的社区治理发挥了重要作用。作为城市治理的"最后一公里"，有效、高效、实效的社区建设与治理是加快完善城市治理体系、提升现代化治理水平、保障居民生活安全与品质的重要落脚点。

　　《面向智慧化建设的社区生活圈配套设施布局优化》一书是左进副教授与其研究团队的重要成果。该书依托新技术的创新发展，在科学和系统的层面，对社区生活圈智慧化建设进行了创新性思考。面向社区生活圈建设的多元目标，提出"质量结合"的科学分析方法，构建集成"目标—指标—坐标"的"全流程、系统化"规划路径，从"数据基础和研究应用"两个方面探讨社区生活圈智慧化建设的规划策略和工作方法。

　　左进副教授是长期致力于城市更新、韧性城市、智能技术及其应用等领域研究的青年学者。他将智能技术应用与社区生活圈规划相结合，促进社区生活圈的智慧建设、高效管理与实效服务，表现出良好的研究视野、学术担当与技术水平。本书的面世，一方面是对作者研究成果的肯定，另一方面也为当前社区建设与规划工作提供有益参考。

　　我很高兴看到左进副教授有志于开展面向智慧化建设的城市更新与社区规划的研究工作，书中所述皆是其认真思考与深入研究的成果。希望其由此为基础，不断延伸、拓展研究深度与广度，谨此作序，以志祝贺、欢欣与鼓励之意。

重庆大学　教授

2020 年 3 月

# 前 言 /

居住区配套设施是城市居民日常生活的基本保障、优化配套设施空间配置是提升人民生活质量的重要内容。2018 年 12 月《城市居住区规划设计标准》GB 50180—2018 的正式实施，标志着新时代城市规划理念和方法的重要转型。《面向智慧化建设的社区生活圈配套设施布局优化》一书以社区生活圈智慧化建设为目标，在科学和系统的层面，对传统社区生活圈配套设施布局优化进行创新性思考。

《面向智慧化建设的社区生活圈配套设施布局优化》涵盖数据基础（基于多源数据融合的社区生活圈智慧化建设数据库构建）与研究应用（社区生活圈配套设施布局优化）两部分。多源数据融合协同对同一地物的多元混杂描述，利用不同数据的优势派生出比原始数据可用性更高的新数据，以提升数据现势性、完备性与准确性，将多源数据转换成规划人员有效的生产力，转换成管理人员高效的决策力。基于社区生活圈数据库"一张底图"，面向社区生活圈建设与发展的多元需求，构建社区生活圈配套设施布局量化评估与优化方法，建立社区生活圈空间单元与行政管理单元之间的衔接途径，更好地发挥行政管理体系在社区生活圈规划与实施中的推动作用。本书试图从"数据基础—研究应用"探讨面向智慧化建设的社区生活圈配套设施布局优化的工作方法，统筹运用社区空间资源，以推动社区服务精准化、精细化、专业化、标准化，响应构建共建、共治、共享的社区治理格局。

# 目 录 /

# 第1章

# 绪论

## 1.1 新时代背景下的社区生活圈建设

### 1.1.1 传统居住区规划转向社区生活圈建设

2018年12月，《城市居住区规划设计标准》GB 50180—2018（以下简称《标准》）正式实施，提出居住街坊、"五分钟"、"十分钟"、"十五分钟"生活圈居住区替代传统"居住区、居住小区、居住组团"概念。这一改变不仅在于规划术语与工具的变化，更是规划目标与思维的转变。传统居住区规划从设施供给的单一视角出发，以设施点为圆心，以300米、500米、1000米为半径（图1-1），采取"服务半径"、"千人指标"等消除居民特征差异的规划方法，快速地确定社区配套设施的种类与规模。在城市化初期阶段，这种可操作性强的空间蓝图快速发展。在城市化进程放缓、社会焦点与政策导向聚焦于反哺公共产品缺失的背景下，"一次性"、"静态性"、忽略个体差异需求的传统居住区规划不再适应城市转向内涵发展的需求[1]。因此，基于居民需求与设施供给视角，聚焦居民日常生活需求的社区生活圈规划是现阶段城市化发展背景下因地制宜的可持续居住区规划模式（图1-2）。近年来已有不少城市展开社区生活圈的规划实践，《上海市城市总体规划（2017-2035年）》提出打造"15分钟社区生活圈"，要求社区公共服务15分钟步行可达覆盖率达到99%。随后，上海市规划和国土资源管理局组织编制《上海市"15分钟社区生活圈"规划导则（试行）》，针对总体规划目标，明确规划准则、建

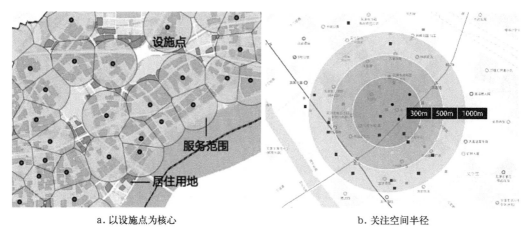

a. 以设施点为核心　　　　　　　　　　　　b. 关注空间半径

图 1-1　传统居住区规划方法

（图片来源：a.引自参考文献[2]，b.作者自绘）

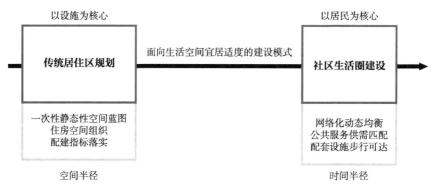

图 1-2　传统居住区规划转向社区生活圈建设

设引导和行动指引；《广州城市更新总体规划（2015-2020）》提出完善居民步行路径，构建社区 15 分钟步行生活圈；2016 年，《中共中央国务院关于进一步加强城市规划建设管理工作的若干意见》提出建设"15 分钟社区生活圈"；厦门在新版总体规划"厦门 2035"中提出加强公共服务设施建设，提高建设标准和服务质量，构建"15 分钟生活圈"；长沙市《"一圈两场三道"两年行动规划（2018-2019）》提出重点打造 400 个以街道为基础的 15 分钟步行生活圈。传统居住区规划转向社区生活圈建设，在合理适宜的步行范围内满足居民日常生活需求，提升居民生活质量。

## 1.1.2　城市建设走向智慧协同与精细化管理

2009 年，IBM 首次提出"智慧城市"的概念。住房和城乡建设部 2012 年首次颁布

《国家智慧城市试点暂行管理办法》、《国家智慧城市（区、镇）试点指标体系（运行）》等文件，2013 年 1 月、8 月分别公布第一批、第二批智慧城市试点名单，涉及全国 193 个城市，并于 2014 年 6 月颁布《智慧社区建设指南（试行）》。2014 年 8 月，为规范和推动智慧城市的健康发展，国家发展和改革委员会、工业和信息化部、住房和城乡建设部等八个国家部委印发《关于促进智慧城市健康发展的指导意见》，目标为至 2020 年，我国建成一批特色鲜明的智慧城市。之后建设"新型示范性智慧城市"也被列入国家"十三五"规划纲要。截至 2015 年，全国 80% 地级以上的城市已经落实智慧城市建设的理念与方案[3]。智慧城市正从以下五个方面促进城市建设的战略转变：（1）基于技术创新视角，融合互联网与物联网，带动创新产业发展，优化城市产业结构；（2）促进空间集约利用，以环境友好与资源节约理念推动城市经济发展；（3）通过信息要素的共享提供更加全面精细的公共服务；（4）培育个性化消费模式，降低服务成本，满足居民多元需求；（5）创新城市管理方式，借助物联网、互联网等技术融合城市要素信息，促进公共管理部门间信息沟通互动，整合传统"碎片化"城市管理，提高政府管理和决策效率和水平[4]。可见信息技术的发展为居民带来了高效、便捷的生活体验，同时也为城市建设与管理提供了高精度、细粒度的信息数据。在城乡规划领域，利用 POI 数据、人口分布热力数据、夜间灯光数据、手机信令数据等开展了大量的城市研究。2017~2018 年间，百度地图、阿里巴巴与中国城市规划设计研究院及天津、青岛、深圳等地方设计院达成战略合作协议，推动城市建设走向智慧化协同与精细化管理。

## 1.2 相关概念界定

### 1.2.1 社区生活圈

生活圈的概念源于日本。针对工业化与城市化过程中出现的资源过度集中、发展失衡、环境污染等问题，1965 年日本政府制定新的综合开发计划，提出"广域生活圈"概念。1975 年制定的第三次"全国综合开发计划"提出建设示范定居圈和技术聚集城市，提倡人和自然和谐相处[5]。《上海市城市总体规划（2017-2035）》提出以生活圈作为提升城市生活品质、建设卓越全球城市的重要载体和手段[6]。在此背景下，上海市规划和国土资源管理局启动了《上海市 15 分钟社区生活圈规划导则（试行）》的研究制定工作，以打造"15 分钟社区生活圈"为目标，以提升社区生活品质和幸福指数为方向，基于社区居民行为需求的角度优化调整空间供给，以人的生活活动特征和需求为出发点，形成全面关注社区品质提升的社区层面规划[7]。《标准》提出以"生活圈"的概念取代"居住区、居住小区、居住组团"的分级模式,突出能够在居民适宜步行时间内满足其生活服务需求[8]。

生活圈能够更好地反映居民生活空间单元与居民实际生活的互动关系,刻画空间地域资源配置、设施供给与居民需求的动态关系,折射生活方式与生活质量、空间公平与社会排斥等内涵,并与城乡规划相结合,成为均衡资源分配、维护空间公正和组织地方生活的重要工具[9]。其实质是从居民活动空间的角度自下而上地组织地域空间结构与体系[10]。构建完整、便捷的社区生活圈是指在人舒适的步行可达范围(5分钟、10分钟、15分钟)内,满足居民生产生活需求,提升居民生活质量,提高宜居度与幸福感。

### 1.2.2 智慧化建设

IBM认为智慧城市是运用先进的信息与通信技术,将城市运行的各个核心系统整合,使城市以更为智慧的方式运行[11]。当前学界对智慧城市的讨论有两大主流:(1)以信息通信技术为导向;(2)以人为本[12],也有学者强调二者的结合,提出智慧城市是人本城市与信息技术有机结合的产物[13]-[15]。智慧城市是一种集成的、可持续的方法,旨在提高城市运营效率与居民生活质量。社区作为城市的细胞,是理解城市空间结构、城市土地利用、城市交通、城市社会、城市居民生活方式的基本单元[16]。随着智慧城市实践在全球各城市的推进,社区以其适当的空间尺度与相对完整的体系结构受到越来越多的关注,智慧社区成为当前推进智慧城市试点及应用的热点领域[17]。2014年,《国家新型城镇化规划(2014–2020年)》提出,以可持续发展为核心的智慧社区建设是中国城市发展的方向之一[18]。

2014年,住房和城乡建设部印发《智慧社区建设指南(试行)》,对智慧社区的建设内容、发展目标等提出明确要求:智慧社区是通过综合运用现代科学技术,整合区域人、地、物、情、事、组织和房屋等信息,统筹公共管理、公共服务和商业服务等资源,以智慧社区综合信息服务平台为支撑,依托适度领先的基础设施建设,提升社区治理和小区管理现代化水平,促进公共服务和便民利民服务智能化的一种社区管理和服务的创新模式,也是实现新型城镇化发展目标和社区服务体系建设目标的重要举措之一[19]。人本导向的智慧社区建设以信息技术为手段,通过社区规划、管理、服务等环节的智能化,形成高效、可持续、具有较强内聚力的社区,其核心是通过创新手段提高居民的生活质量[17]。

### 1.2.3 多源数据融合

数据融合技术主要指整合表示同一个现实世界对象的多个数据源和知识描述,形成统一的、准确的、有用的描述的过程[20]。数据融合技术的本质特点一方面体现在输入信息的多源性,另一方面体现在多种信息处理技术的综合应用[21]。"数据融合"源于军事领域,目前从单纯军事上的应用渗透到其他应用领域。地质科学领域中主要应用于遥感技术,包含卫星图像和航空拍摄图像的研究。同时也应用在智能航行器研究、智能交通管制等领域[22]。

随着3S技术、移动互联网技术的发展,所获取的城市数据具有多源、异构、时变、高维等多模式特性,智慧城市建设的基础就是对城市多模式数据的感知与挖掘[23]。针对数据来源多样、数据格式多样、数据表现形式多样等特征,多源数据融合则是通过编辑、加工的方式,最大限度地整合不同数据集的优势,以对同一地物实现统一的、准确的、有用的描述。数据融合的结果是产生现势性、完备性、准确性更高的数据。

### 1.2.4 配套设施

依据《城市居住区规划设计标准》GB 50180—2018中对社区生活圈配套设施的定义,本书提及的配套设施是指:对应居住区分级配套规则建设,并与居住人口规模或住宅建筑面积规模相匹配的生活服务设施,主要包括基层公共管理与公共服务设施、商业服务业设施、市政公用设施、交通场站、社区服务设施、便民服务设施。

注:《城市居住区规划设计标准》GB 50180—2018将上版标准中"公共服务设施"更名为"配套设施",故文中涉及"公共服务设施"与"配套设施"所代表的含义相同。

## ‖ 1.3 国内外研究动态综述

### 1.3.1 社区生活圈规划

关于社区生活圈的研究与实践最早起源于日本,随后发展至韩国、我国台湾等国家与地区。社区生活圈的相关研究与实践具有丰富的时空尺度属性,相关学者在不同尺度上进行生活圈服务评价与规划策略研究。本书将现有研究划分为社区生活圈空间界定、服务评价、规划策略三个方面进行归纳总结。

### (1)社区生活圈空间界定

小野忠熙(1969)以周防地区为例,将生活空间按照集中性程度划分为微弱、弱、强弱、强4个等级,探讨生活圈的时空距离与消长变化[24]。20世纪80年代,受日本日笠端氏的"分级理论"影响，韩国将住区划分为小生活圈（组团）、中生活圈（小区）、大生活圈（居住区）[25]，这与我国旧版《城市居住区规划设计规范》GB 50180—93 中的居住区等级划分方式相同。陈青慧等（1987）将"生活圈"的概念应用于生活质量评价，分别提出了以家、小区、城市为中心的核心生活圈、基本生活圈和城市生活圈[26]。袁家冬等（2005）提出以我国行政区中的最小区划单位为基础，修正基于"日常生活圈"的城市地域系统的基本空间单元，重新构造我国的城市统计区，并定义了"基本生活圈"、"基础生活圈"、"机会生活圈"等概念[10]。朱查松等（2010）以仙桃市域为例，依据居民出行距离、出行方式、需求频率和服务半径等因素与指标划分公共服务设施的不同层次及类型[27]。柴彦威等（2015）梳理了国内外关于城市生活空间的研究与生活圈规划实践进展，总结了城市居民的时空间行为特征，提出构建以"基础生活圈—通勤生活圈—扩展生活圈—协同生活圈"为核心的城市生活圈规划理论模式[28]。

国内不同学者对生活圈的空间界定　　　　　　　　　表 1-1

| 序号 | 研究学者 | 划分依据 | 划分结果 |
|---|---|---|---|
| 1 | 陈青慧等 | 以人为主体展开各条生活序列，反映了生活居住环境的多层次与多等级 | 外圈：城市生活圈，包含了城市的内外空间环境，是创造良好居住环境的基础。<br>中圈：基本生活圈，指居住小区，包含住宅建筑的平面空间布局，各类设施与活动站的空间安排与设置。<br>内圈：核心生活圈，居民住宅内的活动空间及住宅周边的户外活动空间，是以家庭为核心的内外空间环境 |
| 2 | 袁家冬等 | 根据居民选择的出行方式与开展的活动类型作为生活圈层次划分的依据 | 基本生活圈：居民步行或自行车辅助能够满足居民教育、医疗、居住等基本生活需求的行为范围。<br>基础生活圈：居民需要乘坐公交车、地铁满足就业、游憩等需求的行为范围。<br>机会生活圈：由公共交通和私家车辅助居民满足不经常有的需求的行为范围 |
| 3 | 朱查松等 | 以居民出行距离、频率与不同设施的服务半径作为生活圈层次划分的依据 | 基本生活圈：幼儿、老人步行 15~30 分钟为界限，半径以 500 米为宜，最大不超过 1 公里。<br>一次生活圈：小学生步行 1 小时为界限，半径以 2 公里为宜，最大不超过 4 公里。<br>二次生活圈：中学生以上步行 1.5 小时，自行车 30 分钟，半径以 4 公里为宜，最大不超过 8 公里。<br>三次生活圈：机动车行驶 30 分钟，半径 15~30 公里 |
| 4 | 柴彦威等 | 根据居民日常生活中各类活动发生的时间、地点与功能特征，划分生活圈等级层次 | 社区生活：该圈层内居民发生多次、短时、规律性行为次数最多，满足居民最基本的生活需求。<br>基础生活圈：以 1~3 日为活动周期，进行购物、休闲等生活需求活动。<br>通勤生活圈：以通勤距离为尺度，以 1 日为活动周期，频率稳定，包含居民就业地、工作地及周边设施。<br>扩展生活圈：活动频率较低，多为居民偶发行为，大多发生在周末，以 1 周为周期，多满足高等级休闲、度假等需求。<br>协同生活圈：以近邻城市之间的通勤、休闲活动为主，既可以包含通勤活动，也可包含购物休闲等非工作活动 |

（信息来源：作者整理）

**（2）社区生活圈服务评价**

小出武（1953）采用购物次数、医院患者数和通勤人数等指标评价长野市生活圈建设现状[29]。《首尔首都圈重组规划》与第三次编制的《全国国土综合开发计划》主张考虑通勤便利程度、生活圈联系及历史关联等因素[30]。张艳等（2008）调查了北京市内 7 个社区周边 500~1000 米范围内的商业设施，采用层次分析法对城市社区周边商业环境进行定量评价[31]。熊薇等（2010）以南京市居住小区为样本，通过层次分析构建各类公共服务设施的评价权重，评估小区 20 分钟步行范围内设施的完备性（有 / 无）[32]。崔真真等（2016）基于电子地图，构建各类设施的评价权重，利用设施 POI 数据，在居住小区 500 米的范围内对设施密度进行评价[33]。萧敬豪等（2018）利用物质环境调查方法，基于设施 POI 数据，测算每个居住小区各类公共服务设施需求的最小公约距离，以此作为评价现状生活圈服务水平的定量指标[34]。赵彦云等（2018）以覆盖率、达标率以及与人口的发展协调性为指标测度北京市"15 分钟社区生活圈"建设现状，为优化城市空间提供数据与评估方法[35]。卢银桃等（2018）以居住区级及以下级公共服务设施为主要研究对象，从供需关系的视角出发，使用圆形邻近分配方法，提出基于居住用地的密度分析方法，并以此构建 15 分钟公共服务水平的评价方法[2]。杜伊等（2018）基于社区公园数量、社区人均面积、空间覆盖率、服务人口覆盖率、邻近距离均值、空间可达效率六个指标对上海市中心城区公共开放空间绩效进行定量评估[36]。我国台湾相关学者亦从购物通勤活动的分布[37]、交通运输的影响[38]等方面进行了深入广泛的讨论。

**（3）社区生活圈规划策略**

在台湾地区，台湾社区生活圈的规划以人为中心，综合考量居民社会经济活动所需的交通网络、土地规模与基本设施的整体性规划，以提升居民生活质量，促进区域均衡发展[39]、[40]。李萌（2017）围绕居住、就业、服务、交通以及休闲 5 个系统，从开放活力营造、复合功能设计、公共服务精准、设施步行可达和绿色休闲五个方向提出构建"15 分钟社区生活圈"的规划思路和对策[7]。程蓉（2018）结合上海社区生活圈建设的工作经验，重点总结全要素规划愿景与全过程治理行动策略，基于适当的人口密度与开放的道路格局两个基本前提条件，提出多样化的舒适住宅、类型丰富便捷可达的社区服务设施、绿色开放活力宜人的公共空间、更多的就近就业机会等规划策略[6]。廖远涛等（2018）提出促进社区生活圈规划实施的对策，包含结合规划管理单元划定社区生活圈，基于社区生活圈完善公共服务设施配套标准，推进控规的周期评估与主动更新，整体协调控规用地、设施布局与规模，建设与行政管理单元的衔接关系等策略[41]。黄瓴等

（2019）通过识别山地城市中社区生活圈的空间特征，提出老城查缺补漏、新城结构性植入的规划策略：老城摸底存量资产，分类优化、重点优化，集约利用空间；新城建设具有综合性、结构性与前置性的邻里中心[42]。郭嵘等（2019）通过梳理哈尔滨社区生活圈步行网络的问题症结，提出"15分钟社区生活圈"步行网络优化策略：提高步行网络密度；提高各项日常服务设施步行可达性；保证人行道宽度，加强路权管理；营造活力舒适的步行环境[43]。

### 1.3.2 配套设施布局

#### （1）配套设施布局现状分析

Scott 等[44]指出配套设施的供给要统筹考虑空间分布的公平和不同群体的需求偏好；Hart[45]认为在市场机制的影响下，公共服务设施的分布与服务人口的需求呈现出反比例变化的态势；Panter 等[46]基于社会学视角，探讨居民收入与公共服务设施获取难易的关系，结果表明市场机制下，公共服务设施的布局对于低收入者存在不公平性；Omer[47]采用公共服务设施的可达性作为评判设施布局公平性的指标，并研究不同住宅等级片区与公共服务设施可达性的关系，发现居民收入和居民种族等均与公共服务设施可达性的空间分异存在较大相关性；李敏纳等[48]通过对我国公共服务设施的区域差异特征与经济发展情况进行耦合分析，发现区域间的公共服务设施建设差异与区域经济实力存在关联性，且差异呈现逐步扩大的趋势；应联行等[49]通过现场调查，发现杭州市社区的公共服务设施建设存在规划与管理脱节、现状设施供给与居民需求脱节等现实问题；高军波等[50]基于 GIS 空间分析，开展广州中心城区公共服务设施的空间布局特征分析，并从政治制度、经济发展、自然地理条件等方面探讨了广州公共服务设施空间布局特征的形成原因；魏宗财等[51]充分利用 GIS 和 SPSS 软件，开展对深圳市公共文化场所空间布局的定量分析，探索其形成原因，并提出优化策略；田冬迪等[52]应用 GIS 平台，构建上海市公共文化设施的空间数据信息库，并对各类设施的空间布局特征、人均拥有量等方面开展量化的分析研究。

#### （2）配套设施可达性研究

Pacione[53]依据格拉斯哥地区的中学数量和质量，开展基于公平分配的可达性度量；Talen 等[54]分别以重力位、平均旅行距离和最近距离作为可达性指标，从三个方面分别探讨游乐场空间布局的公平性；Stern 等[55]提出兼顾可达性和空间公平的空间分配模型，并以以色列贝尔谢巴的中学为例进行应用研究；Joseph 等[56]关注农村地区医疗设施的可达性,利用引力潜能模型对服务人口和设施规模两个要素的相关性进行分析,发现两者在偏远地区呈现负相关性,两者在一定程度上可以互相弥补就医可达性的差距;宋正娜等[57]关注医疗设施的空间可达性,并以江苏省如东县为例,开展基于潜能模型的可达性分析研究;刘正兵等[58]基于北京城六区的 POI 栅格数据,利用累积成本法进行各项设施的可达性评价,并引入熵值法开展配套设施的综合评价;孔云峰等[59]使用地理信息系统(GIS)技术建立教育资源的基础数据库,利用中位值模型,开展教育资源空间分布的量化评价,并提出优化策略。

**(3)配套设施布局优化**

随着我国社会经济体制的改革,城市配套设施的供给主体也变得多元化。而市场化发展初期,市场并不具备完善的制度建设和强大的社会力量支持,导致公共服务设施建设出现了局部不公平的利益矛盾,引起了学者对于配套设施布局优化的关注和研究。林千琪等[60]结合学校的生源增长预测和最短出行距离模型,建立动态的学校布局优化选址模型;肖晶[61]基于服务人口规模和设施服务半径等基础要素,结合人口增长预测方法,构建公共服务设施的动态预测方法,开展对志丹县公共服务设施的统筹布局;周晓猛等[62]基于城市避难场所规划原则与选址要求,构建兼顾数量与容量避难场所优化选址模型;朱华华等[63]基于 Voronoi 图,利用人口导向、面积导向以及面积总和导向等三种不同方法,对公共服务设施进行空间布局优化;陈建国[64]结合 Voronoi 图和 GIS 选址模型,对新增公共服务设施的优化选址问题进行了讨论;宋聚生等[65]分别根据空间分析的方法对超市配送中心、医院等设施布局进行评价和优化;王伟、吴志强等[66]运用 GIS 平台中的 Voronoi 分析功能,对城市学校布局进行了现状评估和布局优化分析,并提出相应的建议与措施。

### 1.3.3 社区智慧化建设

国外尤其是欧美国家关于社区智慧化建设的研究多集中在可再生能源[67]、[68]、管理与控制系统[69]、移动媒体[70]等偏向智慧化设备与系统等的研究。因此,本书以梳理中国、新加坡以及日本社区智慧化建设的相关研究与实践为主,归纳总结为社区智慧化建设模式、建设内容与数据库构建三个方面:

**(1)社区智慧化建设模式**

新加坡采取政府主导社区智慧化建设的模式,政府专门在社区内设置组织机构,具有较强的行政主导性[71]。而日本采取政府与社区相互配合的模式,突出政府引导作用的同时体现民主性 [72]。国内社区智慧化建设则包含政府、企业、居民、社会组织等多元主体。郑从卓等（2013）基于国内外社区智慧化建设的理论与实践研究，认为我国社区智慧化建设缺乏合适的运营模式，社会参与机制亟待完善，提出在建设过程中做好顶层设计的同时，要构建一个完善的社区服务体系，给居民提供更高质量的社区服务 [73]。申悦等（2014）结合诸多城市的社区智慧化建设实践，将社区智慧化建设模式分为政府主导型、政企合作型、企业主导型，分别阐述三种类型的优缺点，并提出人本导向下社区智慧化建设策略 [17]。梁丽（2016）通过对北京社区智慧化建设发展现状的研究提出北京社区智慧化建设存在政府主导多、社会参与少的问题，导致社区智慧化建设具有局限性和片面性 [74]。宋煜（2015）提出新型社会治理视角下，社区智慧化建设的目标是实现"良性共治"，其参与主体包括社区党组织、自治组织、经济组织和社会组织，而这些组织具体到个人就是社区智慧化建设所服务的对象 [75]。

**（2）社区智慧化建设内容**

新加坡社区机构主要负责社区公共设施配置、居住环境美化、治安环境维护、公益活动开展、社区交际项目组织等工作。JM Eger（2009）认为技术的应用并非社区智慧化建设的核心，经济发展、就业增长、生活质量提高是社区智慧化建设的目标 [76]。王京春等（2012）详细阐述了北京市海淀区清华园街道社区智慧化建设内容，包括通过人口地理信息系统综合展示社区情况、以门禁和小区监控为基础的综合安全管理系统应用、以居民健康服务系统实现网上挂号等功能，将各类服务商纳入辖区闭环服务体系，实现线上满足居民需求 [77]。吴胜武等（2013）以宁波市海曙区社区智慧化建设为例，海曙区以全区政务信息资源中心建设为基础，智慧交通、智慧医疗、81890 服务平台等智慧应用联动，整合区域行政办公资源、社区企业公共服务资源，以云服务的模式开展社区智慧化建设工作 [78]。徐宏伟（2014）研究上海市长宁区江苏路街道社区智慧化建设做法，基于服务协处平台，实现服务诉求响应；舆情处理平台快速接受社区内信息；监控管理平台处置社区事务信息；应急指挥平台快速响应与指挥协调应急事件 [79]。柴彦威等（2015）通过梳理中国城市社区发展现状及存在问题，提出社区智慧化建设应通过社区动态规划的引导，依托社区网格化管理，基于多网格融合和技术标准构建，实现社区智慧化建设、管理与服务 [16]。刘思等（2017）通过对沈阳市社区智慧化建设进行评价，包含智慧医疗、智慧养老、智慧政务、智慧便民服务四个方面，以智慧养老为例，采用"线上线下相结合的模式"、"1.2.6 健康模式"等形成信息化平台，建立健康档案，为用户提供智能化居家养老服务。但其线下主体功能区存在空间承载力不足的问题 [80]。

另外，还有一些学者围绕居家养老服务等社会热点专题问题研究社区智慧化建设内容。唐美玲等（2017）提出居家养老服务模式，基于养老服务信息平台统筹养老信息（包括老年人信息、服务记录以及服务资源等），市级—社区级两级平台实时联动，收集反馈养老信息[81]。王宏禹等（2018）提出"养护医"三位一体的智慧养老服务体系，建立智慧助老、智慧孝老、智慧自助三大平台，构建"物联网＋养护医"养老服务系统，远程连结助力虚拟养护服务、养护医高端服务专属定制[82]。

**社区智慧化建设内容汇总**                                    表 1-2

| 序号 | 研究学者 | 具体建设内容 |
| --- | --- | --- |
| 1 | 王京春等 | 人口地理信息系统、综合安全管理系统、居民健康服务系统 |
| 2 | 吴胜武等 | 全区政务信息资源中心、智慧交通、智慧医疗、81890服务平台等智慧应用联动 |
| 3 | 徐宏伟 | 服务协处平台、舆情处理平台、监控管理平台、应急指挥平台 |
| 4 | 刘思等 | 智慧医疗、智慧养老、智慧政务、智慧便民服务 |
| 5 | 唐美玲等 | 养老服务信息平台，市级—社区级两级联动 |
| 6 | 王宏禹等 | "物联网＋养护医"养老服务系统 |

（信息来源：作者整理）

### （3）社区智慧化建设数据库构建

席茂等（2014）基于大比例尺基础地理信息数据与高分遥感影像数据建立社区三维数据模型，为社区智慧化建设提供精细化的数据基础，并对地理信息数据添加时间属性，实现时空信息的一体化组织。时空信息数据库还包括IP地址、视频监控设备、停车场无线射频等物联网节点的地址数据库，为建立全民管理系统、视频安防监控系统提供时空数据基础[83]。杜福光等（2015）将基础地理信息数据作为数据标准化处理的基础与空间依据，采用最新测绘、遥感及3S等技术，对唐山市基础地理信息数据进行补充、扩充并添加时间属性，建设基础地理信息数据体系。在此基础上集成资源信息、旅游信息、规划信息、交通信息、人口与经济信息等专题信息，并划分政务版、公众版等不同应用出口[84]。贺凯盈等（2016）从构建社区智慧化管理系统的角度出发，数据库部分涉及基础地理信息数据（街道数据、街坊数据、道路数据、基础地形数据），社区房地产及人口方面的业务信息数据。最终，社区智慧化管理系统支撑三维显示、查询、分析与统计管理功能[85]。陈莉等（2016）从社区养老服务角度出发，指出社区智慧化养老服务体系构建存在信息数据互联不畅、社区智慧化养老服务平台顶层设计不规范、养老服务供需对接不到位等问题。针对信息数据互联不畅的问题，提出打破原有管理格局，打通部门间的"信息孤岛",推动信息共享,促进社区管理服务互动与信息发布[86]。梁丽(2017)提出信息孤岛、数字鸿沟、社区数据与信息安全是影响北京社区智慧化建设的瓶颈,需要战略带动、政策引领、新信息技术应用推动北京社区智慧化建设的创新发展,以数据共享为突破口促进社区智慧化建设[87]。姜晓萍等(2017)通过系统梳理社区智慧化建设在技术、内容、机制三个维度的架构,提出技术维度是基础,它的功能与价值在于为社区智慧化建设提供了基础设施和技术途径,具体支撑来源主要是互联网、云计算、云平台、物联网、人工智能、自动化、大数据等。社区智慧化建设应涵盖精细化的服务感知、交互式信息平台、智能化公共服务与网络状的行动协作[88]。

### 1.3.4　研究现状及发展趋势总结

综上所述,目前针对社区生活圈规划、配套设施布局、社区智慧化建设已开展了大量的基础研究工作。社区智慧化建设的目标是为社区居民提供了更便利、完备、优质的公共服务,提升了居民生活质量。现有研究多强调基于移动互联网等虚拟网络空间整合社区资源(图1-3),借助快捷、超距、低成本的技术优势,降低了资源组织的时间、空间与经济成本,极大地提高了线上服务效率。社区生活圈借助城市实体空间与社区居民直接性联结的优势,提升线下实体空间的服务质量,社区生活圈智慧化建设与现有社区智慧化研究形成有效互补(图1-3)。

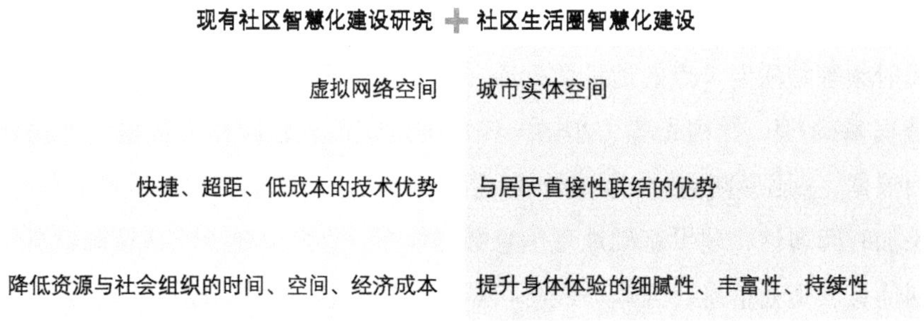

| 现有社区智慧化建设研究 ➕ 社区生活圈智慧化建设 |
|---|
| 虚拟网络空间　城市实体空间 |
| 快捷、超距、低成本的技术优势　与居民直接性联结的优势 |
| 降低资源与社会组织的时间、空间、经济成本　提升身体验的细腻性、丰富性、持续性 |

图1-3　研究方向

综合来讲,现有研究存在以下三个不足:

**(1)缺少多源数据关系的探讨**

随着3S、移动互联网等技术的应用与普及,社区智慧化建设所涉及数据的获取途径呈多元化趋势,数据来源、结构、表现形式多样,当多源数据描述的是同一地物时,数据内容重复或冲突均可造成数据的不准确，但现有研究缺少对多源数据间关系的探讨，导致多源数据的优势体现不明显。

**（2）基于多源数据开展配套设施布局优化的研究较少**

信息化时代下，社区生活圈配套设施布局的科学优化，需要在精确、翔实的城市空间场景的数据支撑下，进一步融合并量化计算与优化目标相关联的指标。从目前研究的技术手段与方法来看，国外研究方法较为多样化，注重问卷调查、社会学分析、GIS空间分析等方法的综合运用；国内目前仅有部分基于简单城市场景开展可达性定量分析的研究，而运用GIS平台综合城市多源数据、构建量化分析指标体系、开展社区生活圈配套设施布局优化的研究较少。

**（3）缺少与城市行政管理体制的衔接途径**

社区生活圈配套设施布局优化的规划建设，需要借助行政力量以保障实施。而目前研究从多个学科角度、以多种研究方法对社区生活圈配套设施布局进行了评价，并提出相应的优化策略，但较少涉及与城市行政管理体制相衔接的方法和途径，导致其较难应用在实际的社区生活圈规划建设和管理当中。

## 1.4 研究内容与框架

本书以促进社区生活圈有效建设、高效管理、实效服务为目标，探讨社区生活圈配套设施布局优化的方法。核心内容划分为方法研究与实例研究两部分，方法研究中基于社区生活圈配套设施布局优化的问题剖析与反思，提出基于多源数据融合的社区生活圈数据库构建方法与面向智慧化建设的社区生活圈配套设施布局优化方法作为核心问题的解决路径。实例研究选取天津市河东区作为典型试验区，开展天津市河东区社区生活圈数据库构建与社区生活圈配套设施布局优化研究，验证研究方法与技术路线的可行性与有效性（图1-4）。

### 1.4.1 方法研究

#### （1）问题剖析与反思

随着《城市居住区规划设计标准》GB 50180—2018的施行，传统居住区规划转向社区生活圈建设。作为社区生活圈建设的基础支撑，配套设施布局呈现出新的特征：服务路径重视步行可达的交通网络，服务需求强调以人为中心的生活圈域。针对城市中心

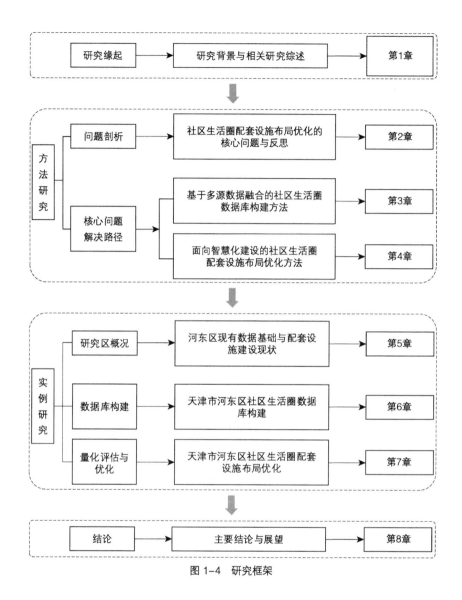

图 1-4　研究框架

区现实限制条件与规划技术难点，反思社区生活圈配套设施布局优化核心问题，探讨精准数据支撑、科学量化分析、管理衔接途径构建的重要性与必要性。

（2）核心问题解决路径

基于多源数据融合构建城市中心区社区生活圈数据库，寻求精准数据支撑。针对目前多源数据之间互联不畅、数据内容重复或冲突、多源数据优势不明显的现实问题，以社区要素信息共享、社区生活圈智慧化建设为目标，归纳总结既有研究，全面系统地梳理社区生活圈建设要素；对接规划部门与相关机构，结合传统规划数据获取方法与百度地图 Place API 接口、LBS 传输平台收集多源异构数据；基于 ArcGIS 软件实现多源数据集成、匹配与融合，协同同一地物的多元描述，提升数据现势性、完备性与准确性；对接有效规划与高效管理需求，基于供需关系视角，划分数据门类，进而构建社区生活圈智慧化建设数据库，为配套设施布局优化提供精准数据支撑。

城市中心区社区生活圈配套设施布局量化评估与优化，衔接行政管理单元。基于社区生活圈智慧化建设数据库，构建城市中心区社区生活圈配套设施布局的量化评估与优化方法。依据设施供给与居民需求之间的供需关系，从"服务需求点"、"服务供给点"和"服务路径"三个层面构建可量化分析的基础研究场景。通过梳理 2018 版《标准》关于社区生活圈配套设施布局的建设要求，总结分析相关文献研究，从模拟评估和优化选址两个维度，构建城市中心区社区生活圈配套设施布局优化的指标体系；基于指标体系，引入网络分析方法和位置分配模型，构建"15 分钟社区生活圈"配套设施布局的量化评估与优化方法；综合社区生活圈规模要素和边界要素两个层面的构建划分社区生活圈空间单元的影响因子体系，并构建"三级评估单元"的衔接关系；将量化分析结果与"三级评估单元"相结合，形成配套设施布局的评估数据清单和优化建设清单，建立量化指标与行政管理单元的衔接途径，落位坐标，支持行政决策，推动配套设施布局优化的具体管理和建设工作，为社区生活圈配套设施布局的高效管理和有序实施提供技术路径支撑。

### 1.4.2 实例研究

本书选取天津市河东区作为典型研究区，通过梳理、集成、匹配与融合社区生活圈的多源数据，构建河东区社区生活圈智慧化建设数据库，开展社区生活圈配套设施布局的量化评估与优化，得到天津市河东区相对科学、合理、有效的社区生活圈配套设施布局优化方案。

方法篇

# 第2章
# 社区生活圈配套设施共享优化的问题剖析

## ┃ 2.1　传统居住区规划转向社区生活圈建设

　　多年以来，我国逐步形成了城市居住区规划设计的统一技术性规范，并于1993年由建设部颁布了《城市居住区规划设计规范》GB 50180—93（以下简称"传统规范"），至今已经历过多次修改和完善。此外，以北京、上海、天津、长沙、杭州、重庆等直辖市、各省会城市为代表，也陆续出台了基于国家规范的各个地方标准。传统规范针对我国居住区公共服务配套设施提出了一系列建设标准，并在一定时期内有效指导着我国城市居住区的建设工作。面对当时经济发展水平较低、居民需求层次单一的社会背景应运而生的"分级配套"和"千人指标"，通过统一的建设标准和配建规定，有效且高效地解决了城市居住区公共服务配套设施的建设问题，保障了居民日常生活的基本需求。

　　但随着城市化进程的深入，同济大学赵民教授指出："中国城市化和房地产发展加速，《城市居住区规划设计规范》GB 50180—93中的指标体系对住区公共服务设施配置存在局限性和不适应性"[89]。基于"千人指标"确定公共服务配套设施规模、以"服务半径"划定公共服务配套设施空间布局的城市居住区规划设计规范，其合理性的前提是将城市居住社区视作简单的均质社区，居民需求和城市空间不存在明显的差异性。而在面对日渐多元的居民需求和日益彰显的地方特色时，传统规范呈现出了明显的局限性：首先，"服务半径"布局方法简单地将直线距离作为配套设施空间布局的测度方式，忽略了实际城市空间出行路径的复杂程度；其次，"千人指标"配置标准笼统地将"居民需求"视作一个均等概念，仅仅考虑数量上的不同，而忽略了其在"质量"上的复杂和差异程度；最后，"分级配套"配套标准仅仅从规模上考虑了城市居住区的差异化特征，缺乏对城市中心区、城市边缘区等区域的适应性更新规划方法和指引思路的考虑。

在"以人为本"的新型城镇化导向下，《中共中央国务院关于进一步加强城市规划建设管理工作的若干意见》提出，要"把以人为本、尊重自然、传承历史、绿色低碳等理念融入城市规划全过程"，城市规划开始反思过去"见物不见人"的城市发展观，开始从重视城市经济生产空间建设转向人居环境导向的规划，重新审视城市与人的关系和规划设计[90]。同时，随着城市化进程的飞速发展，城市扩展放缓，城市规划开始从"增量建设"转向"存量优化"，从过去注重规模的快速化建设，转向关注城市空间质量和人居环境改善。现有研究也多有针对传统规范的"静态性"、"自足性"等缺点进行讨论[91]。因此，住房和城乡建设部于2018年12月1日正式发布《城市居住区规划设计标准》GB 50180—2018（以下简称《标准》），提出面向生活空间宜居适度的社区生活圈建设模式，代表着我国城市居住区规划正式转向社区生活圈建设。

在新的时代背景和城市发展要求的条件下，2018版《标准》相较于传统居住区规划设计规范有四个较大的转变和特征。

### 2.1.1 服务半径从"空间半径"到"时间半径"

2018版《标准》相较于传统规范最大的改变就是以人的步行时间作为设施分级配套的出发点，突出了居民能够在适宜的步行时间内到达相应的配套设施，满足相应的生活服务需求,便于引导配套设施的合理布局。不同于传统规范以设施点为核心,强调"同心圆"式的空间布局模式，2018版《标准》以居民为核心，强调以人的基本生活需求和步行可达为基础，开展相应的社区生活圈居住区建设工作，充分体现了"以人为本"的城市发展理念。此外，结合居民的步行出行规律，设定在步行5分钟、10分钟、15分钟步行范围内可分别满足其不同目的的生活需求。根据步行速度，相应地在居住区向外步行300米、500米、1000米的空间范围内，形成不同层级的社区生活圈配套设施服务半径（图2-1）。

相较于以"同心圆"为服务半径的传统公共服务设施规划模式，以居民实际步行

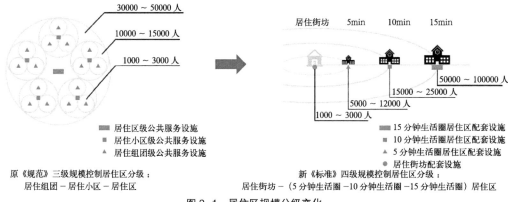

图 2-1　居住区规模分级变化

出行范围来界定"服务半径"更具有实际意义。"同心圆"的规划方式，实则是将城市空间压缩成一个"二维"平面图，以在平面图上"画圆"的方式实现配套设施空间全覆盖的公平性。但在实际的城市环境中，两个在平面图中相距很近的点，可能因为实际城市空间中存在河流阻断、道路不通、围墙阻隔、地形高差等多种因素，致使其中一个点上的居民无法直达目的地，而需要"绕圈"、"走弯路"，花费更多的时间，支付更高的出行成本。前者以设施点为中心，基于"空间全覆盖"原则开展配套设施空间布局的检验和建设工作，适用于应对城市快速发展需要。而后者以居民居住地为出发点，强调"以人为本"的原则，更考虑城市实际场景中影响居民出行的空间要素，更符合现实条件，更能反映居民获取社区公共服务的真实状况（图 2-2）。

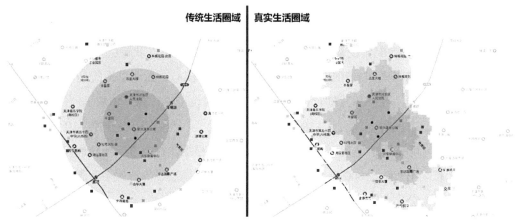

图 2-2　居民真实出行生活圈域示意图

### 2.1.2　设施配建从"饱和供给"到"针对配置"

#### （1）空间等级分级配置

2018版《标准》通过梳理和总结居民的日常生活需求和行为规律，转译为配套设施空间规划的配置依据，强调不同级别的生活圈应满足不同类型的生活需求，越必需越常用、方便度要求更高的设施，服务半径越小，从而确保配套设施的配置更好地贴近和匹配居民日常生活需要。居住区配套设施的空间配置，依据社区生活圈居住区等级，构建"15分钟生活圈—10分钟生活圈—5分钟生活圈—居住街坊"四个空间配置层级，形成多层次、逐级配置配套设施的模式，确保各级配套设施的均好和便捷。

#### （2）设施内容分类配置

除了对配套设施空间层级的分级，2018版《标准》还对设施内容进行了梳理和分类。依据居民日常生活需求的必要性，将设施内容类型划分为"底线"、"选配"、"预留"三类。"底线"设施是基本项，是满足居民基本生活需求必须配置的设施；"选配"设施为升级项，是提升居民生活品质的设施，可根据居住区实际情况选择配置；"预留"设施为预备项，面向未来居民需求的不确定性，预留部分用地以备使用。

#### （3）服务对象针对配置

强调空间覆盖的传统公共服务设施规划模式容易形成设施资源和空间资源的浪费。"服务半径"的实际意义是基于配套设施公共服务的供给和需求关系，衡量对服务对象的覆盖效率，从而判断配套设施的应用价值。而以设施点为出发点划定服务半径，以空间全覆盖来满足居民需求的传统规划方式，是一种饱和式的服务供给。其未充分考虑居民居住地的真实分布情况，致使部分大片集中的工业区、城市公园、特殊用地等非居住集聚地占据了一定量的配套设施服务覆盖空间，造成设施资源和空间资源的浪费（图2-3）。而以居民为核心的规划方法，是以配套设施公共服务的需求端出发，依据需求来有针对性地合理提供公共服务，符合客观规律，且能提高社会公共资源的配置效率。

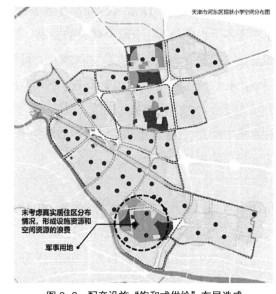

图2-3　配套设施"饱和式供给"布局造成的公共资源浪费现象

### 2.1.3 行政管理从"缺位真空"到"相对匹配"

2018 版《标准》提出居住区分级宜对接城市管理体制,便于开展基层社会管理工作。社区生活圈居住区单元的划分,应该协同城市各级行政管理单元的管辖范围,有利于城市行政管理力量的集中,提高各类配套设施的配建效率和管理服务水平。

在我国,民政、公安、卫生等部门大多以社区作为行政管理的基层单元。这里的社区是指"经过社区体制改革后做了规模调整的居民委员会辖区"[92]。而传统规范的"居住区—居住小区—居住组团"三级结构虽然与之关系密切,但却不相匹配,容易产生管理的"缺位真空"。相对应的行政管理体系是"居住区—街道办事处"、"居住组团—居委会",而居住小区没有对应的行政管理单元。2018 版《标准》提出的社区生活圈,更接近行政管理体制的"社区"概念,有利于衔接行政管理单元,如居住街坊对应物业管理,5 分钟社区生活圈对应居委会,10 分钟(15 分钟)社区生活圈对应街道办事处。"相对匹配"的对应体系能有效衔接各级实施主体,有利于推进相关政策、措施和项目的管理、协调、运营与实施。

### 2.1.4 建设方式从"相对独立"到"集约混合"

在传统规范中,设施类型应与用地性质相互对应,要求不同类型的设施建设方式"相对独立"。而 2018 版《标准》明确提出配套设施的布局要遵循集中和分散兼顾、独立和混合并重的原则。2018 版《标准》在各级社区生活圈居住区配套设施设置规定中新增了关于各类设施是否适合联合建设的要求。根据配套设施的建设和使用需求,将所有设施分为"应独立占地"、"宜独立占地"、"可联合建设"、三种建设方式类型,以从空间提供的共性使用功能作为出发点,整合不同人群的服务需求,指导配套设施的集中建设和功能复合。提倡用地集约高效,鼓励基层公共服务设施,尤其是公益性设施,集中或相对集中配置,打造城市基层"微中心",为老百姓提供便捷的"一站式"公共服务中心,方便居民使用。

## ▌ 2.2 社区生活圈建设的基础支撑及其特征

依据 2018 版《标准》和《上海市 15 分钟社区生活圈规划导则(试行)》关于社区生活圈的定义,社区生活圈是打造社区生活的基本单元,即强调居民能在适宜步行时间的可达范围内,配置居民生活所需的基本服务功能,满足其生活服务需求,引导配套设施的合理布局，形成安全、友好、舒适的社区基本生活平台。因此，社区生活圈是从居民生活空间的角度出发，以设施供给与居民需求的动态关系，刻画居民生活空间地域的资源配置格局，通过对配套设施的合理配置和布局，实现社区公共服务设施与居民时空需求的精准配对。因此，配套设施是社区生活圈建设的主要实施内容，是社区生活圈建设的基础支撑。

供需匹配是居住区配套设施建设的基本诉求[93]。传统居住区配套设施布局方法以"千人指标"、"分级配套"为主要依据，强调以人口规模和设施规模的匹配来实现配套设施配建的供需匹配关系。而社区生活圈强调以人的步行时间和出行距离作为设施分级配套的出发点，突出了居民能够在适宜的步行时间内到达相应的配套设施，获取相应的生活服务需求。因此，"社区生活圈"规划方法是在传统方法的基础上，完善了对居民出行路径的统筹考虑，更加尊重城市实际空间环境限制要素对配套设施供需匹配的影响，是对配套设施供需匹配关系的丰富和拓展。

社区生活圈配套设施规划方法强调的"供需匹配"关系，其核心要义在于既要提供与居民需求相匹配的配套设施类型，也要提供能够支撑居民便捷地获取该服务的空间途径。将其供需匹配关系进行解构，并抽象表达为"服务需求—服务路径—服务供给"的逻辑关系，代表居民从家（服务需求点）出发，经过城市步行空间（服务路径），抵达配套设施所在地（服务供给），获取所需设施服务的过程（图2-4）。配套设施"供需关系"的丰富和拓展，使得面向社区生活圈建设的配套设施布局在"服务路径"和"服务需求"两个层面呈现出新的特征。

（1）"服务需求"代表供需关系的发起端，即城市社区居民。依据2018版《标准》对于配套设施布局的要求，"服务需求"应从居民居住地发起，在空间上表现为各个居住单元所在地。同时，居民的需求体现在社区配套设施类型的多样性、获取设施服务的便捷性等多个方面。

（2）"服务供给"代表供需关系的回应端，即配套设施供给点。"服务供给"需满足配套设施类型的多样性，以提供社区居民日常生活所需的多种服务类型，以及满足不同社区居民的差异性需求。同时合理的配套设施布局能有效提升服务供给的效率和收益，实现配套设施服务的供需匹配。

图2-4　社区生活圈配套设施供需匹配关系的逻辑解构图

（3）"服务路径"代表居民获取所需服务所经历的交通出行路径，通常以步行出行方式为标准。"服务路径"需保证获取设施服务的便捷性，即从居民居住地到达配套设施所在地的空间可达性，其在真实城市空间中会受到各类实际环境要素的限制。

### 2.2.1 服务路径——重视步行可达的交通网络

根据 2018 版《标准》，社区生活圈的基本定义、单元分级和配套设施配建标准，都是基于人的步行时距。因而，相较于强调空间距离的传统居住区配套设施布局方式，面向社区生活圈的配套设施布局规划更加重视步行可达的交通网络组织。"人"是对象主体，"步行网络"是重要的空间载体，是构建社区生活圈的基本空间要素。步行交通网络的完善与否，直接影响社区生活圈内配套设施服务供给的效率和品质。步行可达的交通网络有利于促进居民的绿色出行选择，缓解城市交通拥堵，同时也有益于实现社区生活圈中配套设施、公共空间的方便可达[94]。因此，步行可达的交通网络是社区生活圈配套设施布局的重要基础。

步行可达的交通网络对于社区生活圈配套设施布局的重要性主要体现在两个方面：

#### （1）有利于帮助居民减少交通出行成本

城市快速发展带来城市空间和城市功能的日益复杂化，导致居民需要跨越较长的距离、支付较大的交通出行成本才能获取某些日常生活所需服务。尽管在出行方式上，可以通过足够丰富的城市快速交通系统获取所需服务，但面对时常发生的交通拥堵、出行时间过长等问题，居民更渴望通过便捷可达的步行交通网络，以步行为主导的出行方式，在合理的出行时间内解决日常的基本生活需求。

#### （2）有利于构建连续共享的社区生活空间

完善的步行交通网络有利于实现社区生活圈内部配套设施的方便可达，进而提高居民使用配套设施的频率，提升社区活力和凝聚力，使得居民日常活动空间与社区生活圈空间范围日趋重合，并反向刺激居民使用社区生活圈配套设施的意愿，形成正向的螺旋上升状态。使用频率最高的社区生活空间和步行路径，有利于构建连续共享的社区生活空间，成为社区生活圈空间单元内重要的公共空间。

### 2.2.2 服务需求——强调人为中心的生活圈域

传统居住区配套设施布局的规划方法，强调以设施点的直线辐射距离作为配套设施空间布局的依据，因而配套设施布局的重点在于关注以设施点为中心、强调半径覆盖的传统生活圈域。而 2018 版《标准》则强调以人的步行时距作为配套设施分级配套的出发点，并以此界定社区生活圈居住区的空间范围，构建以居民为中心、强调步行可达的真实生活圈域。因此，面向社区生活圈的配套设施布局的空间对象，实现了从"以物为中心"的传统生活圈域，转向"以人为中心"的真实生活圈域的重构。

**（1）"以物为中心"的传统生活圈域**

传统居住区配套设施的布局规划方法，是城市快速扩张背景下，应对城市快速建设需要的产物。依据居住人口和用地规模的建设指标，实现配套设施服务半径的空间全覆盖，是快速、有效地推动城市居住区建设的便捷途径。但在这一过程中，居民扮演着旁观者的角色。"以物为中心"的配套设施布局方式，虽然十分契合城市快速建设的需要，但却忽略了"人"的使用需求。

**（2）"以人为中心"的真实生活圈域**

依据 2018 版《标准》关于社区生活圈居住区的定义，社区生活圈是以居民居住地点为起点，步行一定的时间长度和空间距离所划定的空间范围。社区生活圈实质上是从居民日常活动空间的角度，自下而上地组织地域空间的结构与体系[94]。社区生活圈能有效结合居民日常活动在时空维度上的行为特征、居民步行环境的空间制约因素，以及居民日常活动与城市公共职能之间的协调与管理，能更真实地还原居民的生活空间，揭示居民日常活动与社区空间的紧密关系。国内外众多研究学者已经从"人居环境"、"地域空间"、"居民日常行为研究"等多个角度研究"生活圈"的圈层结构，其内涵均是基于居民与配套设施在时空维度上互动的行为活动模式，将居民的日常活动行为特征，投影在城市地理空间上，形成差异化的具有鲜明地理空间特征的空间单元对象[95]。

因此，相较于强调"以物为中心"的传统居住区配套设施布局的规划方法，社区生活圈配套设施布局规划方法是从"人"出发，以"人"为中心划定居民步行可达的真实生活圈域，重新定义配套设施布局规划的空间对象。

## 2.3 社区生活圈配套设施布局优化的关键问题

中国城市化建设在过去 40 年的时间里，完成了城镇化率超过 50% 的高度"压缩型"城市化进程[96]。这一过于注重速度和规模的"粗犷型"城市化进程，引发并加剧了"不平衡不充分"的城市发展问题，并显著体现在城市社区配套设施布局等方面。随着城市扩张逐渐放缓，城市存量优化问题日益凸显，完善城市中心区配套设施成为一个十分必要的命题。在目前的居住区规划设计规范（标准）中，传统规范并没有针对城市旧区的配套设施建设提出对应的策略和方法，而 2018 版《标准》中仅仅针对城市旧区提出了"遵循规划匹配、建设补缺、综合达标、逐步完善"的管理建设原则，同样缺乏针对城市旧区进行配套设施完善工作的具体方法。同时，相较于"自由命题"的增量建设，城市中心区由于存在众多已经建成的现状区域，更像是一个"半命题"作文，在开展配套设施的优化完善过程中会面临诸多条件的约束和限制。

### 2.3.1　社区生活圈空间单元界定的模糊

目前，国内外众多学者已经从"人居环境"、"地域空间"、"居民日常行为研究"等多个角度对"生活圈"的空间范围进行了界定。尽管划分的层次不同，但在认知上基本一致，即"维持日常生活而发生的诸多活动所构成的空间范围"[15][97]。但当将这一认知概念落实到具体的城市物质空间上，要求划定具象的社区生活圈空间单元的时候，仍缺乏具体划定方法的依据。2018 版《标准》虽然从概念上明确了社区生活圈的定义和空间范围，但关于划分社区生活圈空间单元的方法并没有给出具体的、可操作的实施办法。而目前关于社区生活圈空间单元的划定方法，主要是通过采用问卷调查、活动日志和 GPS 轨迹记录等方式[7][97]，获取居民日常活动的出行行为数据，并借此来判定社区生活圈的空间范围。虽然该方法在应对大多数单个或小型的居住区社区生活圈空间单元的划定时，其划定结果相对客观，但当其针对城市行政分区，甚至是全市范围时，高昂的调查成本、巨大的样本数量等问题都将导致该方法难以推广和组织。因此，社区生活圈空间单元的划分方法是生活圈规划从研究走向实践所面临的重要挑战之一[1]。

### 2.3.2　可利用存量土地空间资源的局限

城市中心区内部的存量土地资源紧缺、地块分布琐碎是造成其配套设施布局优化难以落位的重要因素。以天津市河东区为例，依据天津市勘察院调查统计数据，天津市河东区 2016 年仅有可改造用地约 489 公顷，占天津市河东区建设用地总量的 12.9%[98]。传统城市配套设施布局规划和相关研究，往往是基于纯粹的住区规划理论或邻里单元理论去进行配套设施布局的理想化优化和配建[99]。而在当前城市化率接近 60% 的新时期，面对已经有大量建成现状的老城区，可利用的存量建设用地数量少，且地块分布相对琐碎、不易整合，导致理想化的布局用地方案大多与现实可利用的建设用地情况存在冲突，无法像新区建设那样统一规划和配建，只能见缝插针、整合与改造并行。因此，在城市中心区，配套设施布局的优化与实施需要充分了解并尊重城市建设现状，以可实施、合理化的配套设施均等性布局优化方法，对城市中心区的存量土地资源进行有的放矢的判定和优化选址的用地选择，保障存量土地资源的使用效率。

### 2.3.3 配套设施布局优化的方法不明确

传统居住区规划关于配套设施布局的规划方法，是依据"千人指标"开展自上而下的资源划拨，实现配套设施的分级配置，依据"同心圆"服务半径开展配套设施的空间布局。而2018版《标准》强调以人的步行时间作为设施分级配套的出发点，同时针对不同层级的社区生活圈制定不同的配套设施配建标准，通过分区规划、控制性详细规划进行配建的统一协调。两者相比较，2018版《标准》将社区生活圈周边城市环境的步行可达性纳入了配套设施布局的考量范畴，突破了传统居住区的"同心圆"服务半径的方法局限，更能反映社区生活圈配套设施布局的真实服务水平。但将方法理论应用在真实的城市环境中时，受限于居民日常步行网络的错综复杂、交错纵横，考虑"步行可达性"的配套设施覆盖范围将远比"同心圆"的覆盖范围复杂、多变，同时对社区生活圈配套设施布局规划所需要的基础数据和技术方法都提出了更高的要求。而目前针对社区生活圈规划的实践技术尚处在起步和探索阶段，尚未形成明确且统一的分析方法和规划路径。因此，如何测度社区生活圈配套设施的服务覆盖范围，进而评判配套设施布局的合理性，开展配套设施的布局优化是社区生活圈规划需要解决的核心问题。

## 2.4 社区生活圈配套设施布局优化问题反思

### 2.4.1 精准数据支撑的必要性

城市规划由增量建设转向存量经营，行业大环境的变化增加了规划师工作的复杂性，规划工作越来越要求精确性与科学性。2014年2月和2017年2月，习近平总书记两次考察北京市，强调指出："规划科学是最大的效益，规划失误是最大的浪费，规划折腾是最大的忌讳"。传统的规划工作高度依赖法定、官方的测绘数据与统计数据，时至今日，规划师需要社区更加现势、完备、准确的工作底板与数据底图。随着3S、移动互联网技术的发展，大数据与开放数据共同促进了新数据环境的形成[100]，它意味着对于社区建设者（规划师等）而言出现了新的分析视角，也由此促进了规划设计方法的变革。社区生活圈智慧化建设是互联网等新信息技术深度渗透到居住空间中的社区建设模式，有助于促进居住空间与城市其他空间的功能联系，融合社区与城市各类空间资源，建设更具包容性的社区居住环境[101]。社区生活圈数据库应从空间的角度融合不同来源、不同结构、不同格式数据，为社区生活圈配套设施布局优化提供社区资源配置与居民需求的精准数据支撑。

### 2.4.2 科学量化分析的重要性

社区生活圈的提出，使得对配套设施布局的考虑更加关注具体的步行空间路径。而诸如城市中的断头路、道路隔离带、小区围墙等错综复杂的现实环境要素对于居民步行路径的影响，对社区生活圈配套设施布局规划所需要的技术方法提出了更高的要求。在强调"步行可达"的条件下，传统方法难以精确表达和快速计算社区生活圈配套设施的配置模式和布局水平，因而需要借助科学量化的技术方法，更加真实地模拟居民的步行出行范围，开展社区生活圈配套设施布局的量化分析和优化，形成更精确、更具体的分析结果和优化策略。

### 2.4.3 管理衔接途径的必要性

2018 版《标准》提出以"社区生活圈"来划分居住区的等级和规模，并以"社区生活圈"为基本建设单元，提出了各个社区生活圈等级与各级行政管理单元在范围和边界等方面的对应关系。而社区生活圈的规划与落实，需要得到政府力量的推动和管控。与行政管理单元的衔接有利于明确实施主体、发挥行政力量，有利于铺排任务、开展建设和实施考核，更好地推动社区生活圈的建设。因而在范围与边界对应的基础上，建立社区生活圈单元与行政管理单元之间的衔接途径，能更好地发挥行政管理单元在社区生活圈规划与实施中的推动作用。

# 第3章

# 基于多源数据融合的社区生活圈数据库构建方法研究

随着 3S 技术、移动互联网技术的应用与普及，城市相关数据的获取方法呈现多元化的趋势。本书通过对各种获取方法进行研究，了解各渠道所获取数据结果的优缺点，作为多源数据融合的基础。

## ▌ 3.1 数据库总体设计

### 3.1.1 建库原则

#### （1）数据准确性原则

数据准确性包含两个方面的内容：①数据是现势的，能精确反映区域的现状空间场景；②数据是完备的，包含图层完整、要素完整与属性完整三部分内容。数据准确性是决定分析、评估与优化结果有效性的核心要素。数据来源是决定数据准确性的重要方面，了解数据来源，明晰数据优缺点，整合数据优势以生产现势性、完备性、准确性较高的数据。

#### （2）数据规范化原则

数据规范化是指数据分类标准、数据表现形式等规则的统一。规划相关数据必须遵循中华人民共和国自然资源部、住房和城乡建设部等相关机构制定的标准进行数据处理，例如土地利用数据，要按照《城市用地分类与规划建设用地标准》GB 50137—2011

的分类标准与用地代码编辑属性字段信息，用地性质等数据的可视化呈现要根据相关规定图例进行修正。配套设施数据应按照《城市居住区规划设计标准》GB 50180—2018要求进行分类处理，统一多源数据规范表达的标准。

（3）空间一致性原则

同一地区不同来源的数据生产环境不同，造成了描述同一地物的数据空间参考坐标不一致。数据来源的多样性决定了数据具有不同的地理坐标与投影方式，例如我国常用的地理坐标系包含 1954 北京坐标系、1980 西安坐标系、新 1954 北京坐标系、2000国家大地坐标系以及 WGS–84 坐标系五种类型 [102]，投影种类包含墨卡托投影、高斯克里格投影等多种方式。统一多源数据地理与投影坐标，统一多源数据的空间逻辑，保持多源数据的空间一致性是多源数据匹配与融合的基础。

### 3.1.2　功能设计

社区生活圈数据库的构建为进一步推动信息技术、要素流动和社区建成环境的互动提供支撑，为管理人员进行社区智慧化管理与服务提供决策基础，为实现社区智慧化建设提供数据支持。社区生活圈数据库在满足数据存储与管理、数据编辑等基本需求的基础上，还应具有空间分析与统计、科学可视化、迭代优化等功能。

（1）空间分析与统计

空间分析与统计是对地理空间现象的定量研究，主要通过空间实体的位置、分布、形态、距离、方位、拓扑关系等耦合分析挖掘目标的潜在信息。社区生活圈数据库最重要的功能是基于多源数据内容进行数据挖掘与定量分析，准确、定量描述居民舒适的步行范围内社区生活圈建设要素的空间分布特征，进而实现建设要素空间布局的评估与优化。

（2）科学可视化

可视化呈现是将数据在地理空间上的分布表现出来，能直观地表现数据的区域差异 [103]。社区生活圈数据库的科学可视化包含数据与空间分析结果两部分内容；数据库的科学可视化是在满足数据保密原则的基础上，能够为社区管理与规划人员提供了解社区生活圈建设现状的图形界面；空间分析结果的可视化赋予了规划与管理人员以及居民基于分析结果的实时交互能力，极大地提高了社区智慧化管理、服务与建设的工作效率。

（3）迭代优化

迭代是重复反馈过程的活动，其目的是为了逼近所需的目标或结果。社区管理与规划人员基于空间分析结果进行社区管理、服务、建设的优化提升，并再次基于数据库进行空间计算、科学可视化并记录存储，重复整个过程直至满足居民日常生活的基本需求。社区生活圈数据库的迭代优化功能可高效判断社区管理与规划人员所提出改进方案的有效性，提高社区智慧化管理、服务与建设工作的准确性。

### 3.1.3 结构设计

设施供给与实际需求的"空间错配"导致居民在使用公共服务时承担了较高的货币成本与时间成本，随之带来的是大量的社会经济成本[104]。以配套设施为例，目前社区生活圈配套设施配置主要存在供给不足、供给时滞、分布不均导致的供需不匹配、步行可达性差等问题[105]。宋小冬等采取密度估计的方法，以居住人口为需求方，以设施容量为供给方，以密度指标为基础分析城市中小学与居住人口的供需关系[106]。刘玉亭等采用设施"有效供给率"、"达标配套率"、"有效运营率"、"需求率"来量化各类设施的供给与居民需求情况[107]。基于供需关系的分析方法兼顾服务人口、服务范围、设施规模等多个要素，以居住人口数量反映需求，以设施规模与设施点客流量反映供给，供给与需求的量化差值可直观反映配套设施等建成要素与居民活动需求的供需矛盾，社区管理人员与社区规划人员可进一步采取调整社区管理方案、调整设施空间布局、改变设施规模等措施平衡社区生活圈服务的供需关系。为便于进行社区生活圈服务供给与服务需求分析，有效对接社区生活圈智慧化建设、管理、服务的需求，笔者认为社区生活圈数据库应基于供需关系视角划分数据门类，构建数据分类结构。

本书采取以数据内容为主、数据来源为辅的数据管理方式，对数据进行精细化分类与管理，从社区生活圈的服务需求、服务路径、服务供给三个方面划分数据门类，细化数据类与数据子类，并对数据进行精度与格式描述，形成以数据来源作为后台支撑的集成"数据门类—数据类—数据子类—精度描述—格式描述—坐标描述"的数据分类结构（图3-1）。

### 3.1.4 平台选取

#### （1）数据存储与编辑平台选择——ArcGIS

地理信息系统（GIS）又称为"地学信息系统"，是对地理空间数据进行采集、存储、管理、运算、分析、显示和描述的技术系统[108]。ArcGIS是GIS的平台产品，集数据集成、数据存储与管理、数据编辑、空间分析与可视化呈现等功能于一体，被越来越多地用到城市以及社区的相关数据库建设当中。

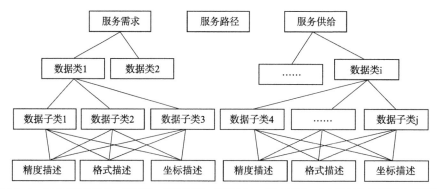

图 3-1　集成"数据门类—数据类—数据子类—精度描述—格式描述—坐标描述"的数据分类结构

由于数据来源不同，导致数据格式与坐标均不统一，ArcGIS 通过数据格式与坐标转换实现数据整合与集成。格式转换是指将 DWG、DXF、EXCEL 等不同格式的数据转换为 ArcGIS 可读取、编辑的 Shapefile 文件。坐标转换主要涉及地理坐标系与投影坐标系的相互转换、不同地理坐标系之间的转换等，进而建立统一的坐标体系，完善数据的空间一致性。

ArcGIS 围绕地理空间数据模型 Geodatabase 构建。Geodatabase 是面向对象的数据存储"容器"，由要素数据集、栅格数据集、Tin 数据集、对象类、关系类、要素类、表等要素构成，绑定地理空间数据与属性数据。Geodatabase 也可对具有拓扑关系的数据进行精确建模，例如表示道路交叉口或立交桥时可对道路之间的相关性进行设定，使数据与建成要素的现实特征保持一致。Geodatabase 数据多以点、线、面的形式存储在要素集、要素类或属性表中，在使用 Shapefile 格式时每个文件只能存储一类要素，Geodatabase 可在一个文件中存储多个要素与要素类，有助于实现数据的分类存储与管理。

ArcGIS 的数据编辑分为图形编辑与属性编辑两大类：图形编辑主要针对点、线、面等要素集与要素类，包含要素编辑简化、拓扑关系建立、投影转换、图形变换等内容[109]；属性编辑是完善要素属性关系数据库的过程，通过属性数据与图形数据的有机关联，实现同一地物相关数据的空间匹配，删除重复或现势性相对不足的数据，实现多源数据融合，提高数据的完备性与准确性。

空间分析根据空间对象的不同特征可以运用不同的空间分析方法，其核心是根据描述空间对象的空间数据分析其位置、属性、变化规律以及周围其他对象相互制约、相互影响的关系[110]。ArcGIS 中的缓冲区分析、网络分析、空间统计分析等空间分析功能与数据制表、符号化分级处理与显示、空间分布地物属性信息的图形可视化功能为社区生活圈建设提供多视角、多尺度的数据支撑与决策依据。

**（2）数据库呈现平台选择——WebGIS**

WebGIS 是指基于 Internet 平台进行信息发布、数据共享、交流协作、实现 GIS 信息的在线查询和业务处理等功能，是运行于互联网上的地理信息系统[111]。由此衍生的 ArcGIS API、OpenLayers 等前端技术，通过接收地理数据在 Web 终端进行动态的可交互展示，实现基于 Web 的 GIS 可视化。WebGIS 不需要安装专业 GIS 软件平台，具有高效、互操作性强等特点，创造了良好的用户体验，互联网用户可随时通过浏览器访问各类服务。WebGIS 呈现大众化的趋势，为用户提供更简单的操作体验，用户不需要专业的软件与业务培训，不仅可以实现相关地理位置的搜索查询，还可进行各类空间数据的分析与结果查询。WebGIS 能够充分利用 GIS 数据资源，但不依赖 GIS 平台的处理能力，自身具备高效的计算能力，将复杂的操作与计算交由高性能的服务器执行，降低了系统构建、维护与使用成本。

## ▎3.2　建设要素梳理

### 3.2.1　相关研究中建设要素总结

社区生活圈建设有助于完善社区公共服务，提升居民的宜居度与幸福感。在社区生活圈建设与实施过程中，其价值主要通过社区生活圈建设要素的配置与完善得以实现。柴彦威通过研究生活空间与生活圈的基本概念，提出生活圈规划是落实生活空间优化调整的有效途径[28]。因此，本书结合相关研究进行归纳总结，分别从城市生活空间、社区生活圈两个方面对既有研究中的建设要素进行分类梳理。

**（1）城市生活空间要素**

日本地理学者荒井良雄认为生活空间的基本组成要素有购物空间、就业空间、休闲空间与其他私事空间[112]。王兴中在其对日常城市体系的研究中指出居民关心服务设施的便利度、道路系统的便捷度，以及是否能以较低的成本满足生活需求[113]。孙峰华等对城市生活空间要素进行了系统、宏观的梳理，提出自然生态环境要素、居民生活环境要素、基础设施环境要素、社会交际环境要素和可持续发展环境要素五大类[114]，是对城市生活空间建设要素的全面概括。张杰等从"日常生活空间营造"视角出发，提出了宁静交通、混合功能、建筑类型、街道体系、开放空间等多个设计方面[115]。王开泳认为生活空间受自然生态空间格局、居住空间、基础设施配套建设、社会交际及休闲空间等要素影响[116]。李广东等提出城市生活空间的居住承载、交通承载、存储承载和公共服务承载功能是维持城市运行的基底[117]。

**（2）社区生活圈建设要素**

陈青慧等将城市居住环境划分为由内向外三个生活圈、八条生活序列，其中与2018版《标准》中相对应的为基本生活圈，所包含的要素内容为住宅建筑空间布局、高效率多层次的服务设施、绿化休闲场地等[26]。奚东帆、吴秋晴等从提升服务空间、创造就业空间、丰富休闲交往空间三个角度提出打造宜居、宜业、宜游的社区生活圈[118]、[119]。程蓉提出全要素的"15分钟生活圈"规划愿景，包含多元的服务设施、丰富的公共空间、开放的道路格局与适宜的人口密度[6]。魏伟等基于供需匹配的视角提出生活圈空间划定的四项基本原则：优良的空间基础、充足的公共服务、开放的公共空间、便捷的交通系统。空间基础是指以行政单元、控规单元、街道布局为基底，延续居住空间规模、建筑密度与容积率。开放空间在社区层面以公共绿地或者小型广场的形式体现。交通系统以自然地理要素（河流、湖泊、生态绿楔等）与人工地理要素（铁路与城市道路等）为骨架，兼顾高效、便捷的生活圈交通体系[93]。

**城市生活空间与社区生活圈建设要素总结**　　　　表3-1

| 要素类型 | 研究学者 | 要素内容 |
|---|---|---|
| 城市生活空间 | 荒井良雄 | 购物空间、就业空间、休闲空间与其他私事空间 |
| | 王兴中 | 服务设施、道路系统 |
| | 孙峰华等 | 自然生态环境要素、居民生活环境要素、基础设施环境要素、社会交际环境要素和可持续发展环境要素 |
| | 张杰等 | 宁静交通、混合功能、建筑类型、街道体系、开放空间 |
| | 王开泳 | 自然生态空间格局、居住空间、基础设施配套建设、社会交际及休闲空间 |
| | 李广东 | 居住承载、交通承载、存储承载和公共服务承载 |
| 社区生活圈 | 陈青慧 | 住宅建筑空间布局、高效率多层次的服务设施、绿化休闲场地 |
| | 奚东帆等 | 服务空间、就业空间、休闲交往空间 |
| | 程蓉 | 多元的服务设施、丰富的公共空间、开放的道路格局与适宜的人口密度 |
| | 魏伟 | 优良的空间基础、充足的公共服务、开放的公共空间、便捷的交通系统 |

### 3.2.2　社区生活圈建设要素提取

本书基于对现有研究中建设要素的梳理结果（表3-1），结合《城市居住区规划设计标准》GB 50180—2018中关于"用地与建筑、配套设施、道路"的内容，对社区生活圈建设要素进行分类提取（图3-2），分为土地利用、建筑、配套设施、道路四大类。在《标准》中"用地"板块内的绿地建设要求为强制性内容，且社区生活圈开放空间、公共空间等相关研究中所涉及的用地规模、用地空间位置等信息在土地利用中均有反映，因此本书将开放空间、公共空间等作为土地利用要素的重要组成部分。除此之外，社区就业空间、购物空间、居住空间与土地利用中的居住用地、商业服务业设施用地等各类功能用地对应，因此将就业、购物、居住等空间划入土地利用要素。建筑空间布局、建筑类型反映了建筑要素空间分布与功能信息。另外，为提供居民日常所需的公共服务，是生活圈缘起的重要原因[13]，因此将配套设施作为社区生活圈重要的建设要素。《标准》中"配套设施"板块整合了原有的服务设施、基础设施内容，故本书将服务设施、基础设施、公共服务承载等划入配套设施要素，道路系统、街道体系、道路格局等统一为道路要素，作为居民获取服务的步行路径。

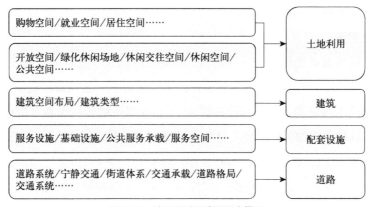

图3-2  社区生活圈建设要素提取

### （1）土地利用

　　土地利用的形成是人类活动与自然环境综合作用的结果，各种经济活动在城市空间上的投影形成一定的城市空间结构，是城市经济发展程度、阶段、内容的空间反映[120]。土地利用反映了人类与自然界相互影响和交互作用最直接、最密切的关系[121]，土地利用研究为协调地理环境与人类活动的关系提供了科学依据。尤因和切尔韦罗同时发现步行与土地利用混合度有很强的关联性[122]；宋彦、李青等在人口老龄化背景下，探究相关建成环境对老年人出行行为的影响。研究中的一项指出土地混合利用每增加一个单位满意度，老年人选择步行相对于私家车的发生比率增加59.6%，选择公交车相对于私家车的发生比率增加 72.0%[123]；紧凑的土地发展模式可以增强街道生活活力和邻里商业的支撑能力，促进居民步行[124]。

新型城镇化发展推进空间利用模式转型，严守建设用地总量的"天花板"[125]。针对城市中心区空间资源紧缺与社区居民需求日益增加的矛盾，社区生活圈建设提倡科学、合理、经济、有效地利用土地，优化土地利用结构，提高居民生活品质，并基于效率和工作需求的视角，为居民提供更完善、更便利的生产空间。因此，对土地利用现状与规划的科学盘点与清晰认知是社区生活圈建设的重要支撑。

（2）建筑

建筑的首要功能是满足居民生活的基本需要，是承载人与日常生活行为的场所。建筑理论学家斯蒂芬·霍尔受环境主义影响提出了一种"日常生活类的建筑"概念，他认为建筑应该是一个能维持环境价值，包括使用价值在内的一个日常生活反复体验的场所[126]。建筑反映了土地的开发密度与开发强度，具有物质属性、经济属性与社会属性，是社区生活圈建设的重要空间载体。

（3）配套设施

开放街区既能有效优化城市路网结构，也为社区提供了完善便捷的公共服务设施。闫永涛等将"窄马路、密路网"的开放街区内涵总结为：一是具备舒适的出行空间；二是具备丰富的设施可满足人们多样化的需求[127]。在居民的步行可达范围内，尽可能丰富地提供居民日常所需的公共服务，是生活圈缘起的重要原因[9]。因此，提升配套设施的服务与共享水平是促进开放街区与社区生活圈建设的共同目标。《城市居住区规划设计标准》强调配套设施的完善，以生活圈构筑紧凑的生活网络，配置各类配套设施，促进生活、就业、休闲融合发展[128]。

（4）道路

城市交通与土地利用之间存在复杂的互动关系，城市交通改变了不同区域的可达性，进而深刻影响其土地利用[129]。同时，土地利用是城市交通产生的源泉，决定了交通需求总量、主要交通流向分布等[130]、[131]。

2016 年 2 月，中共中央国务院发布《关于进一步加强城市规划建设管理工作的若干意见》，其中指出优化路网结构，树立"窄马路、密路网"道路布局理念，为交通出行提供更多选择，提高道路的连通性、可达性和可靠性。社区生活圈建设倡导居民在舒适的步行范围内满足活动需求，高可达性和高连接度的道路环境不仅有利于提升居民步行的便利度、舒适度，也可促进沿街建筑底层功能的置换与更新，进而满足居民多元化需求，提升社区活力。道路是社区生活圈建设的"骨架"，为居民提供优质的出行环境，加强居住空间与社区其他空间的功能联系和要素流动，进而实现生产与生活要素流动的高效率与低成本。

## 3.3　数据选取整理

### 3.3.1　社区生活圈数据选取

#### （1）土地利用数据

土地利用数据覆盖现状、规划建设、规划数据三部分，空间与属性两种类型的数据（表3-2）。关于土地利用类型，根据人类生活的需求，生活空间应包含主要的土地利用功能有：满足居民居住需求的生活承载功能，满足日常生活需求服务的生活保障功能以及满足人类休闲娱乐和文化教育需求的精神净化功能[132]。对应《城市用地分类与规划建设用地标准》GB 50137—2011，社区生活圈建设所涉及的土地利用类型包含居住用地，公共管理与公共服务用地（其中包含行政办公用地、文化设施用地、教育科研用地、体育用地、医疗卫生用地等），商业服务业设施用地，绿地与广场用地，水域等。其中，居住用地是社区生活圈服务的需求点，是生活空间的实体表现形态，居住小区出入口是获取服务的起点。非居住用地是社区生活圈服务的供给点。土地利用数据可作为分析社区功能配置与空间结构的基础，现状、建设与规划数据的结合反映了社区生活圈建设的动态变化情况，可支撑社区规划与管理人员实现社区生活圈服务供需关系的动态评估。

另外，社区生活圈建设还应关注土地利用的社会经济属性信息。一是在城市中心区建成环境复杂、存量资源有限的情况下，需明确土地利用的存量可改造情况。二是关注居民活动所反馈在土地利用上的属性信息，即土地利用所承载的人口数量，包含居住用地所承载的居住人口数量，公共管理与公共服务用地、商业服务业设施用地、绿地与广场用地等非居住用地承载的设施点客流量。

居住人口数量（需求方）：居住人口的空间分布是影响社区社会经济活力、配套设施以及道路建设等方面的重要因素之一。居住人口数量是指居住地块内常住人口的数量，代表服务应覆盖的人口数量，反映了服务需求数量。以往社区服务设施被简单套上"千人指标"的总量规模逻辑——按人口规模进行标准化、计划性的垂直层级分配[133]，这一方法将规模与空间分布相互独立处理，更为注重总量规模的保障，部分设施虽然对服务半径也有关注，但与规模相互独立，难以全面解释配套问题[2]。因此，社区生活圈服务配置应结合设施点客流量、服务范围及居住人口数量进行分配，从居民实际的需求点、需求量出发，目标为服务范围覆盖所有居住人口且设施点客流量大于居民需求量，保留弹性的需求增长空间，逐步改善社区居民生活质量。

设施点客流量（供给方）：传统公共服务设施配置方式依照"自上而下"的配置指标和标准规范，关注空间、数量、配置标准和服务半径等指标[134]，这种"从指标到设施（空间）"的规划方式，关注设施配置的客观条件，保证设施布局的标准化，但缺乏设施使用层面的主观性指标，对服务设施"有效性"的思考不足[135]。社区生活圈配套设施配置应结合客观标准与主观使用数据，在关注服务设施空间布局均等化的同时也要强调服务设施的有效性，因此本书提出设施点客流量作为社区生活圈数据库的重要内容之一。设施点客流量是指服务供给点的日均客流量，是服务供给用地的实际服务人口数量，主要反映服务供给容量。

土地利用数据内容　　　　　　　　　　　　　　　　　　　　　表 3-2

| 土地利用数据 | 空间数据 | 属性数据 |
|---|---|---|
| 现状数据 | 用地空间布局 | 用地功能<br>用地规模<br>人口数量（居住人口数量、设施点客流量）<br>是否存量可改造 |
| 规划数据 | 用地空间布局 | 用地功能<br>用地规模 |
| 规划建设数据 | 用地空间布局 | 用地功能<br>用地规模<br>建设状态<br>（已批未建、已批在建） |

**（2）建筑数据**

建筑数据主要包含建筑的空间布局、建筑名称、建筑类型、建筑层数以及建筑基底面积等数据内容（表 3-3）。关于建筑类型，按照使用功能划分为居住建筑、公共建筑、工业建筑、农业建筑四类，社区生活圈建设的重要内容为居住建筑与公共建筑两类。其中居住建筑数据是居住人口空间化、精细化处理的指示因子。假设人均住房建筑面积、人均居住用地面积相同，将居住建筑数据与居住用地数据叠加，以居住用地面积、居住建筑的层数与基底面积作为社区居住人口空间化的计算依据。公共建筑数据与公共管理与公共服务用地数据叠加，是公共建筑供给规模、公共管理与公共服务设施承载力的计算依据。

建筑数据内容　　　　　　　　　　　　　　　　　　　表3-3

| 建筑数据 | 空间数据 | 属性数据 |
|---|---|---|
| 现状数据 / 建设数据 | 空间布局 | 建筑名称<br>建筑类型<br>建筑层数<br>建筑基底面积 |

### （3）配套设施数据

配套设施数据包含各类设施的空间位置、设施名称、设施类型、设施规模等数据内容（表3-4）。《标准》按照 5 分钟、10 分钟、15 分钟生活圈三个空间层次的配置要求将配套设施划分为公共管理与公共服务设施、商业服务业设施、市政公用设施、交通场站、社区服务设施五种类别，统一了生活圈配套设施的名称与分类标准。配套设施数据与土地利用数据、公共建筑数据的叠加结果为分析与评价社区生活圈服务资源配置提供了基础数据支撑。

配套设施数据内容　　　　　　　　　　　　　　　　　　表3-4

| 配套设施数据 | 空间数据 | 属性数据 |
|---|---|---|
| 现状数据 | 空间布局 | 设施名称<br>设施类型<br>用地规模<br>建筑规模 |

### （4）道路数据

道路数据包含城市道路的道路名称、空间位置、道路等级，以及道路设施的空间位置、类型等数据内容。道路为居民提供获取社区生活圈服务的路径，它的连接度与整合度反映了居民获取服务的便利程度。在服务水平评价中研究者偏向于以服务供给点为圆心，结合各类设施的服务半径，采用邻近分配的方法划定设施的服务范围 [2]。此方法不能真实体现居民在获取服务过程中受道路拓扑关系影响的过程。道路数据是真实计算居民步行 5 分钟、10 分钟、15 分钟的步行范围以及设施服务范围的基础。

## 3.3.2　社区生活圈数据整理

社区生活圈数据涉及两种类型：空间数据和属性数据（表3-5）。空间数据是指具有明确空间属性的数据，表示空间实体的位置、大小、形状及其分布特征，并可以定位于以地理坐标系统为参照系的地图上[136]。空间数据作为社区生活圈数据库的载体数据，需要较好的稳定性、现势性与准确性，是开展社区生活圈规划、管理与服务的空间场景。根据数据内容、数据获取来源与处理方法的不同，本书将属性数据划分为形态属性、功能属性与社会经济属性。形态属性反映空间实体大小、规模信息，是在 ArcGIS 软件中基于矢量图斑进行计算直接获取的数据。功能与社会经济属性是需要在矢量图斑属性表中填写的信息，不能通过矢量图斑计算直接获取。属性数据需要尽可能精确、完备，实现对空间数据的准确描述。

社区生活圈数据分类整理 表 3-5

| 数据<br>要素 | 空间数据 | 属性数据 | | |
|---|---|---|---|---|
| | | 形态属性 | 功能属性 | 社会经济属性 |
| 土地利用 | | 用地规模 | 用地功能 | 人口数量<br>是否存量可改造<br>建设状态 |
| 建筑 | 单体形状<br>空间布局 | 建筑层数<br>建筑基底面积 | 建筑类型 | — |
| 配套设施 | | 用地规模<br>建筑规模 | 设施名称<br>设施类型 | — |
| 道路 | | — | 道路等级<br>道路设施类型 | — |

## 3.4 多源数据获取

### 3.4.1 规划机构基础数据获取

规划人员在规划编制的各个阶段都需要地形图、土地利用等城市基础数据的支持，规划机构从测绘院、国土局等多个部门获取地形图、土地利用等规划领域的传统法定数据，以支撑规划人员前期调研、现状分析、方案编制与优化等各个阶段的工作。同时，规划机构还具备项目的规划数据，即在现状分析基础上所提出、并经过政府部门审批的规划数据（规划方案 CAD 文件、土地利用规划）。项目区域的地形图与土地利用现状、规划内容为规划领域的法定涉密数据，因此规划机构具有了解研究区要素空间分布的数据优势（表 3-6）。基于研究课题的合作关系，天津市规划部门向本书提供研究区地形图、土地利用等基础数据。

规划机构基础数据获取结果分析　　　　　表3-6

| 数据名称 | 涉及要素 | 数据格式 | 优势 | 不足 |
|---|---|---|---|---|
| 地形图 | 建筑/道路 | 矢量（DWG） | ■ 规划领域法定涉密数据；<br>■ 数据完备性高 | 数据时效性稍有滞后，很难做到实时更新及使用[137] |
| 土地利用现状 | 土地利用 | 矢量（DWG或者SHP） | | |
| 土地利用规划 | | | | |

（信息来源：作者整理）

### 3.4.2　高分遥感影像矢量提取

在大数据云环境下，中国科学院遥感与数字地球研究所具有国家卫星专线接入、商业卫星战略合作、公共卫星主动获取的稳定数据源，初步实现覆盖全国、0.8-2-5-8-16-30米分辨率全序列、米级数据季度合成、中分数据月旬更新的国产高分数据生产能力。其中高分二号遥感卫星（GF-2）是我国第一颗分辨率达到亚米级的宽幅民用遥感卫星（全色谱段0.81米，多光谱谱段3.24米）（表3-7）。

中国科学院遥感与数字地球研究所全序列国产高分数据表　　　表3-7

| 尺度 | 星源 | 分辨率 | 重访周期 | 覆盖周期 |
|---|---|---|---|---|
| 中分 | GF1-WFV/GF6 | 16米 | 4天 | 经有效—合成处理，<br>1月可覆盖6期，即5天1期 |
| | HJ-1A/1B | 30米 | 4天 | |
| | Landsat8 | 15/30米 | 16天 | |
| | 哨兵-2A | 10米 | 10天 | |
| 高分米级 | GF1-PMS 02/03/04 | 2米 | 4天 | 经有效—合成处理，<br>1年可覆盖4期，即1季度1期 |
| | ZY3 | 2.1米 | 5天 | |
| | ZY3-02 | 2.1米 | 3~5天 | |
| | ZY1-02C | 2.36米 | 3天 | |
| 高分亚米级 | 高分二号 | 0.8米 | 5天 | 经有效—合成处理<br>1年可覆盖1期，即1年1期 |
| | 高景一号 | 0.5米 | 4天 | |
| | Pleiades1A/1B | 0.5米 | 1天 | |

（信息来源：中国科学院遥感与数字地球研究所）

中国科学院遥感与数字地球研究所目前已具备成熟的基础遥感影像合成、道路控制网提取、建筑物矢量提取与土地利用类型判别等技术产品。

基础遥感影像合成：对原始卫星影像数据进行几何—辐射处理，消除几何变形和辐射畸变；基于云影检测技术，对多源影像进行碎片化有效处理，最终生成多源卫星有效合成影像。基础遥感影像是道路控制网提取、建筑物矢量提取的基础数据。

道路控制网提取：基于高分辨率遥感影像进行分区控制网提取，形成道路、水系、地形控制网体系，将研究区域分解为独立的街区。

建筑数据矢量提取：建筑数据矢量提取针对每一个街区进行，包含两个核心过程：基于建筑物区别于其他地物的光谱与纹理特征在高分辨率遥感影像上识别建筑物边界；基于建筑物的形态特征构建建筑模板实现建筑物细节的精细提取。具体过程如下：多尺度分割高分辨率遥感影像，形成地物的特征基元，计算其光谱、形状特征；根据建筑物区别于其他地物的形状、光谱、纹理特征，从特征基元中选取可信度较高的建筑物样本，构造建筑模板，对研究区域影像进行卷积运算，提取建筑区域；在建筑区域中进行边缘检测与细化，实现建筑物轮廓的矢量提取[138]。获取的建筑数据具有精准的空间坐标。

基于高分卫星遥感矢量识别与提取技术获取的数据具有更新时间短、现势性高且人工成本较低的特点，通过人机交互进一步提升数据准确性，已经逐步替代传统航空数据，不仅可以获取高分卫星遥感影像，还可以获取建筑物的矢量提取数据（表3-8）。

高分遥感影像矢量提取获取数据结果分析        表3-8

| 数据名称 | 涉及要素 | 数据格式 | 优势 | 不足 |
|---|---|---|---|---|
| 高分遥感影像 | 建筑<br>道路 | 矢量（shp） | ■ 数据更新时间短、现势性高；<br>■ 人工成本较低 | 需人机交互弥补部分误差 |

（信息来源：作者整理）

### 3.4.3 百度地图 Place API 接口

配套设施数据主要来源于规划院、百度地图两个渠道。规划院数据具有研究区独立占地设施的空间位置、设施类型等信息。但随着《标准》的实施，生活圈建设对配套设施的要求呈现多样化、便捷化的趋势，包含独立占地的公共服务设施，也包含非独立占地的社区建筑底层便民服务设施。因此，需结合百度地图 Place API 接口获取 POI 数据，即建筑功能信息。POI 数据具有设施种类覆盖度高，数据范围覆盖面广的优点[34]，且可反映公交站点、建筑底层便民服务设施、小区出入口等土地利用中未能体现的信息，可作为规划院配套设施数据的补充（表3-9）。

**百度地图 Place API 接口获取数据结果分析** 表 3-9

| 数据名称 | 涉及要素 | 数据格式 | 优势 | 不足 |
|---|---|---|---|---|
| 百度 POI | 配套设施 | 矢量（Excel） | ■ 设施种类覆盖度高；<br>■ 数据范围覆盖面广；<br>■ 包含联合建设的设施信息 | — |

（信息来源：作者整理）

### 3.4.4 LBS 数据传输平台采集

随着个人在快速生活方式和工作模式方面的移动化，一种新的、更智能的系统应运而生，称为"基于位置的服务"（LBS）。该系统将用户位置数据与智能应用程序合并，以提供所需服务[139]。在基于 LBS 的时空数据研究中，主要有两大类数据：从移动运营商处获取的手机基站定位数据和通过智能手机 APP 采集的定位数据[140]。百度地图开放平台的定位服务支持 GPS、WiFi、基站融合定位，目前日响应超 800 亿次位置服务请求。位置服务请求具有空间、时间等多维信息，可应用于挖掘人群时空分布特征。百度慧眼基于百度地图开放平台获取的去隐私化定位数据，通过定位空间分布、时间分布、定位所属用地属性等数百种特征，经过脱敏清洗处理提取用地内的居住人口数量、设施点客流量等人群行为数据[1]。

百度地图开放平台通过识别非工作时间、居住用地内停留超过 2 小时以上的人群判定为该地块的居住人口，以居住用地边界为约束，以 2 个月的监测数据为基础，平均至每天获取地块的居住人口数量。由于人口分布数量的获取需要以一定的用地边界作为识别范围，因此所获取的设施点客流量为独立占地的设施所服务的人群数量，每隔 1 小时获取一次数据。以居住人口数量获取为例，根据百度慧眼坐标上传模板处理居住用地边界，Excel 文件记录地块编号、以顺时针或逆时针连续的折点横纵坐标组合信息，以"地块编号"作为连接的基本字段。居住人口数量与设施点客流量获取方式相同，其获取精度为 100 米 × 100 米（表 3-10）。

**LBS 传输平台获取数据结果分析** 表 3-10

| 数据名称 | 涉及要素 | 数据格式 | 优势 | 不足 |
|---|---|---|---|---|
| 居住人口数量 | 土地利用 | 文件（Excel） | ■ 获取时间成本低；<br>■ 数据更新快 | ■ 获取区域小的情况下，数据准确度待提升 |
| 设施点客流量 | | | | |

（信息来源：作者整理）

---

① 2018年1月，百度地图与天津市城市规划设计研究院签署战略合作协议，成立"百度地图慧眼天津规划院创新实验室"，天津市域内相关数据向天津市城市规划设计研究院开放。

43

# 3.5 多源数据融合

多源数据融合是指按某种特定的应用目的，采用一定的方法和原则，将同一地区不同来源的空间数据重新组合成专题属性数据，改善地理空间实体的几何精度，提高地理数据生产效率和质量。多源地理空间矢量数据集成和融合不是孤立的两个过程。集成是融合的基础，融合是集成基础上进一步的发展[21]。集成和融合的差异在于，融合不仅仅是数据的集中，而是利用不同数据的优势派生出比原始数据可用性更好的新数据[141]。多源数据融合的具体步骤如下：数据集成、数据匹配、数据融合[142]。

## 3.5.1 多源数据集成

不同来源数据的获取手段和平台不同，导致数据获取结果存在多语义、多时空和多尺度，存储格式多样，空间基准不一致等特征[143]。例如，目前规划领域数据格式多为 SHP、DWG、EXCEL、JPG 等，数据坐标包含地方坐标（天津 90 坐标等）、WGS84坐标、百度坐标等多种坐标类型。多源数据集成消除格式与坐标差异，实现多源数据的空间一致性处理。

### （1）数据格式转换

数据格式转换的目的是将 SHP、DWG、EXCEL、JPG 等多种格式的数据转换为可被 ArcGIS 软件识别、读取与编辑的矢量（SHP）或栅格（JPG 或 TIF）文件。SHP 矢量数据格式是美国环境系统研究所公司（Esri）开发的一种空间数据开放格式，该文件格式已经成为地理信息软件界的一个开放标准[144]。DWG 格式为地形图或土地利用文件，是进行规划编制的重要基础数据，包含 Annotation（注释）、Multipatch（多面体）、Point（点）、Polygon（多边形）、Polyline（折线）五种数据信息。EXCEL 文件多为点要素或属性信息，包含数据属性与数据坐标等基本信息。DWG 与 EXCEL 文件可直接基于 ArcGIS 软件的编辑功能向 SHP 格式转换。规划图纸、遥感影像等作为 JPG 格式文件，可被 ArcGIS 软件读取并以栅格形式进行存储。

### （2）空间基准统一

通过百度地图获取的相关数据使用的多为百度坐标系。地方测绘机构数据多为地方坐标系，如天津市现有地形图、土地利用等数据均为天津 90 坐标系。基于高分卫星遥感技术获取的数据坐标为 WGS84 地理坐标系。2018 年 7 月 1 日起，自然资源部全面启用 2000 国家大地坐标系。2000 大地坐标系更适合我国地理要素的空间与尺度描述，以此作为统一空间规划的一致性空间参考体系。对于已知坐标系的地理空间数据，将坐标统一为国家 2000 大地坐标系；对于已知坐标系但未知坐标系参数的地理空间数据，例如通过百度地图获取的具有百度坐标系的配套设施等数据，它们在国家大地坐标系的基础上做了偏移和变形，但偏移和变形的参数为保密信息。因此，针对此类数据可在 ArcGIS 中强制对其定义为国家 2000 大地坐标，通过矢量数据空间校正、栅格数据地理配准的方式实现数据集成，此类方法同样适用于未知坐标系的地理空间数据。本书通过统一空间参考体系有效集成土地利用、道路、建筑、配套设施等地理空间数据。

### 3.5.2 多源数据匹配

多源数据匹配通过对目标的几何、拓扑和语义进行相似性度量，识别出同一地区不同数据集中的同一地物，建立两个数据集中同名地物间的联系，探测不同数据集之间的差异或变化[145]。基于上小节中空间与属性两种数据类型，根据要素点（配套设施）、线（道路）、面（建筑与土地利用）等不同的空间形式，将多源数据匹配划分为基于几何特征、基于拓扑特征、基于属性特征三种匹配方式。

#### （1）基于几何特征的数据匹配

常见的几何特征包含地理要素之间的距离、形状描述、方向趋势等。点实体的匹配多采用空间距离作为衡量指标，以配套设施为例，规划院设施与百度 POI 均为点实体，通过空间距离计算并结合合理的设施服务半径识别两种来源的数据是否描述同一设施点，建立两个数据集中同名实体的联系，判断两个数据集的重复信息。

#### （2）基于拓扑特征的数据匹配

拓扑匹配以拓扑特征的相似度作为匹配依据，通常与几何匹配结合使用。拓扑关系是建成要素间基本的空间关系，具有不随几何变化而改变的特点。以建筑为例，规划机构基础数据（地形图）与高分遥感影像矢量提取的结果为建筑面实体，描述土地利用的开发建设情况。基于土地利用拓扑关系识别两个数据集中描述的同一地块，并通过变化检测识别两个数据集描述地块建设情况的差异。

#### （3）基于属性特征的数据匹配

属性特征是指建成要素的属性信息，基于不同数据源对同一地物的属性描述实现同名或相近描述的实体匹配，也称之为语义匹配。例如，河东区的规划院设施数据与百度 POI 数据中，一个设施点名称的属性值均为"河东区第一小学"，仅利用名称这一属性就可以确定两类数据描述的是同一空间实体。基于属性特征的数据匹配不仅可判别同一地区不同空间数据集中的同一地物，也是识别属性数据空间载体的过程。例如，地利用中的居住人口数量数据，根据土地利用地块的"ID"名称将居住人口数量与相应的居住地块进行匹配，实现居住人口数量空间落位。

### 3.5.3　多源数据融合

数据集成实现了数据逻辑的统一。数据匹配建立了同名空间实体之间的联系，并探测出描述同一地物不同数据之间的重复与差异内容。数据融合则是通过编辑、加工来最大限度地整合描述同一地物的不同数据集的优势。因此，数据融合的结果是产生准确性、现势性、完备性更高的数据，提高土地利用、建筑、配套设施、道路数据的准确度与精度。根据空间与属性不同的数据类型，本书将多源数据融合划分为多源空间数据融合（精细空间场景构建）与多源属性数据融合（精确属性信息完善）两个步骤。精细空间场景构建为数据库应用提供完备、现势、准确的空间载体，精确属性信息完善是对空间载体形态属性、功能属性与社会经济属性的丰富。通过多源数据之间的相互协调与融合，整合多源数据优势，对同一地物实现统一的、准确的、有用的描述（图3-3）。

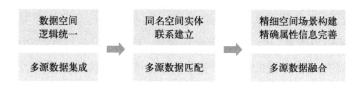

图3-3　多源数据融合流程

# 第4章
# 社区生活圈配套设施布局优化方法研究

本章基于多源数据融合的社区生活圈智慧化建设数据库和精细空间场景，通过空间单元划分、指标体系构建和评估选址模型，统合多源数据，开展量化分析，构建城市中心区社区生活圈配套设施布局优化的方法（图4-1）。

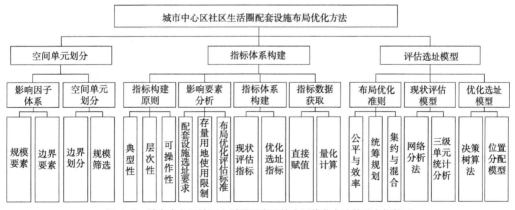

图4-1 城市中心区社区生活圈配套设施布局优化方法的研究框架图

## ▌ 4.1 社区生活圈空间单元划分

根据既有研究综述，关于社区生活圈空间单元的划分方法主要包括运用GPS、手机信令等记录居民的日常活动范围,以及运用泰森多边形划分配套设施均等服务区的方式。运用 GPS、手机信令等方式虽然能较好地反映居民真实的日常活动范围,但当其针对一个城市行政分区,甚至是全市范围时,高昂的调查成本、巨大的样本数量等问题都将导致该方法难以推广和组织。泰森多边形的方法虽然能有效解决空间距离均等化的要求,但是忽略了居民真实路径对于配套设施实际服务范围的限制作用,与社区生活圈强调"步行可达"的重要特征相违背。因而,需要充分认识社区生活圈空间单元的属性特征,构建合理的空间单元划分方法,才能有效支撑社区生活圈配套设施布局的实施、建设、优化和管理。

### 4.1.1 划分空间单元的必要性

配套设施布局的空间对象转向了"以人为中心"的真实生活圈域,是从居民日常活动空间的角度,自下而上地组织地域空间的结构与体系。社区生活圈空间单元是将居民的日常活动行为特征,投影在城市地理空间上,形成差异化的具有鲜明地理空间特征的空间单元对象,是构成社区生活圈空间结构体系的基本组织单元,是"社区生活圈建设"的关键要素。

2018 版《标准》虽然依据居民的步行时距长短,构建了"15 分钟—10 分钟—5 分钟社区生活圈居住区—居住街坊"四级社区生活圈空间结构体系,并明确了各级社区生活圈空间单元的定义,从概念上界定了社区生活圈空间单元的边界和规模等地理空间特征,但并未涉及对各级社区生活圈空间范围的具体划定方法。

社区生活圈空间单元划分方法的缺失,导致在开展具体的配套设施布局优化实践工作中,无法有效地界定各级社区生活圈的空间范围,无法完成对社区生活圈空间单元在实体空间上的明确划分,进而导致无法明确社区生活圈配套设施布局优化实践的具体对象,更无法开展对各级社区生活圈的实施、管理、考核和优化工作。因此,建立科学、合理的社区生活圈空间单元划分方法是推动社区生活圈配套设施布局优化、建设和管理的必要条件。

### 4.1.2 划分空间单元的影响因子体系

"15 分钟社区生活圈"空间单元的划分需要综合考虑社区生活圈的相关属性和特征要素以及与行政管理单元的衔接关系,以便于社区生活圈的规划与实施。

"15 分钟社区生活圈"是解构社区空间的重要视角,是对居民日常生活空间范围的提炼和总结。受限于居民的出行成本、出行距离的容忍度、城市空间布局、交通系统等多种因素，居民的日常行为活动往往频繁地、相似地发生在相同的区域，最终形成具有一定地理空间特征的"15分钟社区生活圈"空间单元。影响"15分钟社区生活圈"空间单元的因子是多方面、多类型的，因此，建立一套科学、合理的用于划分社区生活圈空间单元的影响因子体系是十分必要的。本书从2018版《标准》规定内容、既有研究梳理、发展诉求分析三个层面进行影响因子分析：

**（1）2018版《标准》规定内容**

《城市居住区规划设计标准》GB 50180—2018 对于"15分钟社区生活圈"的定义：以居民步行15分钟可满足其物质与生活文化需求为原则划分的居住区范围；一般由城市干路或用地边界线所围合，居住人口规模为5万~10万人，配套设施完善的地区。《标准》中明确规定了"15分钟社区生活圈"的空间边界对象和服务人口规模等内部属性，同时以人步行15分钟的距离来测算社区生活圈居住区范围的面积，其用地规模为1.0~3.0平方公里。

**（2）既有研究梳理**

在既有研究梳理层面，因用问卷调查、GPS轨迹记录获取居民出行行为数据的方式难以在城市行政分区层面上推广组织，因此本书并未考虑关于居民出行行为特征等要素的影响。"15分钟社区生活圈"反映了居民日常活动行为与城市空间之间的相互关系，城市空间为居民日常生活提供了空间载体，同时居民日常行为活动也受到城市空间的制约。郭嵘在对哈尔滨市开展"15分钟社区生活圈"划定研究中，提出社区生活圈空间单元应尽量不要被自然地理要素（河流、湖泊、山体等）分割，以保证其相对完整和使用安全[43]；魏伟在对武汉市"15分钟社区生活圈"空间划定研究中，提出社区生活圈空间单元应兼顾空间单元的内部交通和外部通行的安全、便捷，尽量不跨越人工地理要素（铁路、快速路、立交桥等）[93]。

**（3）发展诉求分析**

在发展诉求分析层面，社区生活圈的复杂性与系统性需要共谋、共建、共享的思维[146]。一方面，社区生活圈的规划与落实，需要得到政府力量的推动和管控，因而将社区生活圈空间单元按照行政管理单元开展组织，有利于铺排任务、开展建设和实施考核；另一方面，社区生活圈配套设施的配建工作主要依靠控制性详细规划开展实施，因而社区生活圈空间单元的划分需要主动结合规划管理体系，形成自上而下、便于实施管理的社区生活圈空间单元体系。

综合三个层面的分析,从社区生活圈的规模要素、边界要素等两个层面,建立划分社区生活圈空间单元的影响因子体系(表4-1)。

划分15分钟社区生活圈空间单元的影响因子体系     表4-1

| 影响因子类型 | 影响因子 | 具体要素 | 参照依据 |
| --- | --- | --- | --- |
| 规模要素 | 服务人口 | 5万~10万人 | 《城市居住区规划设计标准》GB 50180—2018 |
| | 用地规模 | 1.0~3.0平方公里 | |
| 边界要素 | 自然地理要素 | 河流、湖泊、山体等 | (郭嵘等,2019)等 |
| | 人工地理要素 | 铁路、快速路、立交桥等 | (魏伟等,2019)等 |
| | 行政管理体制 | 街道行政边界 | (廖远涛等,2018)等 |
| | 规划管理体系 | 控规单元边界、用地边界线 | |

### 4.1.3 空间单元划分方法

依据划分"15分钟社区生活圈"空间单元影响要素的空间尺度,从宏观到微观确定各要素对"15分钟社区生活圈"空间单元的划分顺序,建立基于GIS空间叠加分析的"15分钟社区生活圈"空间单元的划分方法,对研究区进行空间单元划分。社区生活圈空间单元划分方法路线图如图4-2所示。

**(1)边界要素层面的衔接**

①依据研究区街道行政管理单元边界,处理为面要素输入GIS平台,依据街道行政分区划定社区生活圈的责任分区。

②依据研究区控规单元边界,处理为面要素输入GIS平台,运用GIS空间叠加分析的Union工具,将街道行政分区与控规单元进行叠加,细分各街道单元内部的社区生活圈空间单元,保证社区生活圈空间单元与行政管理单元、控规管理单元的有效衔接。

③结合规划与现状空间数据,选取河流、湖泊、铁路、快速路、立交桥等分割城市空间的地理要素,建立以此为划分边界的分区面要素并输入GIS平台;同样运用空间叠加分析Union工具,对社区生活圈空间单元进行二次划分,尽量保障每个单元内部空间的完整和安全。

**(2)规模要素层面的处理**

①依据服务人口和用地规模的标准,筛选出规模过小的空间单元。

②运用GIS编辑器,将该空间单元合并入与之相邻的空间单元,且保证新的空间

单元不被铁路、快速路、河流等地理要素所分割；若该空间单元无法避免会被分割，则应选择与之相邻且同属同一个控规单元的空间单元进行合并，保证各社区生活圈空间单元符合规模和人口属性的要求。

最终，运用 GIS 空间叠加分析方法，统筹边界要素和规模要素等两个层面的多种影响因子对划分"15 分钟社区生活圈"空间单元的约束条件，实现对"15 分钟社区生活圈"空间单元的划分。

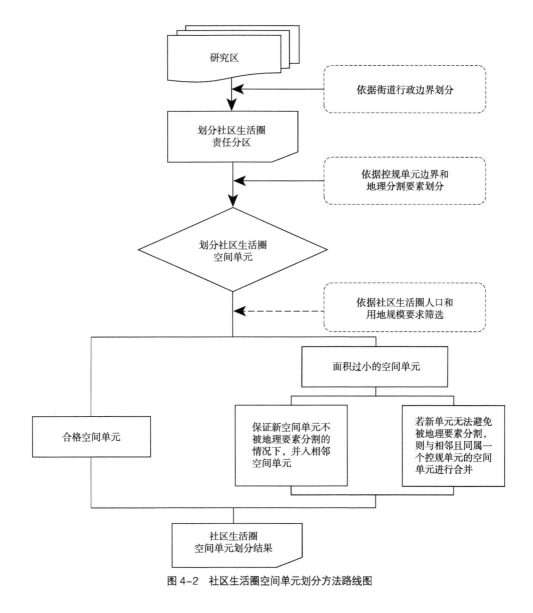

图 4-2　社区生活圈空间单元划分方法路线图

# 4.2 配套设施布局优化的指标体系构建

## 4.2.1 指标体系的构建原则

### （1）典型性原则

典型性原则要求指标具备一定的典型代表性，能准确反映研究对象的关键特征和重要属性。基于"城市中心区"和"社区生活圈"的内涵与特征，选取的指标应能体现两者对配套设施布局优化的典型约束条件，以保障指标体系的科学性和合理性，是构建指标体系的基本要求。

### （2）层次性原则

指标的层次性原则包含两个方面的内容。一方面，指标是多维度的，应包含研究对象多个方面的属性特征和建设要求。另一方面，指标是多尺度的，能从宏观、微观等不同视角全面反映研究对象的相关属性。同时，应保证指标体系的简明扼要、层级分明，以及各项指标的相互独立。

### （3）可操作性原则

指标的可操作性原则是指在构建指标体系时，应充分考虑指标数据的获取难易度和量化处理的可行性。在对指标进行选择时，应优先选取数据信息较为完整的指标，以及与研究目的关联度较高的指标，以反映研究对象的实质特征。同时，应尽量保证对各项指标的量化处理，以便开展后续的数据分析和定量计算。

## 4.2.2 影响要素分析

影响城市中心区社区生活圈配套设施布局优化的因子是多方面、多类型的，本书从配套设施选址要求、存量用地使用限制、布局优化评估标准等三个层面开展指标体系的影响要素分析：

### （1）配套设施选址要求

①用地规模

依据 2018 版《标准》对配套设施的规划建设控制要求，对于部分配套设施提出了建筑面积和用地面积的相关要求。建筑面积可以依据用地面积调整容积率以满足建设控制要求，因而本书只将用地规模作为影响配套设施布局潜在选址用地筛选的要素。满足要求的用地面积有利于该项配套设施的内部设施建设和布局，是保障配套设施容量要求和服务质量的基础条件。因而，在依据可利用存量用地的用地规模进行潜在优化选址用地的筛选时，应优先选择符合或兼容该配套设施对应的用地规模的用地。

②与周边道路的毗邻关系

部分配套设施的布局选址需要考虑与周边道路的毗邻关系。例如初中、小学等设施，出于对学生出行交通安全的考虑，其选址应避开城市干道交叉口等交通繁忙的路段；而对于派出所、门诊部等具有应急需求的配套设施，宜选址在辖区内位置适中、交通方便的地段。因而，需要根据不同配套设施类型对于周边道路交通环境的需求，开展潜在选址用地的筛选。

③与周边设施的毗邻关系

不同配套设施因其功能差异会带来不同生活或生产的活动内容，不同的活动内容可能会相互产生消极或积极的影响。例如，人群活动频繁的区域不适宜布置垃圾转运站等嫌恶设施；而养老院、社区活动中心等配套设施适合与公园绿地等开敞空间临近。因此，在开展潜在选址用地的筛选时，需要统筹考虑现状设施以及布局优化后设施的相互影响。

**（2）存量用地使用限制**

①建设方式

城市中心区的存量用地资源可分为未建设用地和已建设用地两个类别。对未建设用地进行用地的开发建设，以发挥用地的利用价值；而针对已建设用地，往往以城市更新的方式进行用地价值的优化和提升，包括拆除重建、功能改变和综合整治三类建设方式。而 2018 版《标准》针对配套设施布局配置提出了集中与分散兼顾、独立与混合并重的基本原则和总体要求，对不同配套设施是否应独立占地提出了具体的规定。因而，在考虑配套设施布局潜在选址用地时，需要依据设施类型是否应独立占地，选择对应建设方式的存量用地。例如，在对初中进行布局潜在选址用地的筛选时，由于初中属于"应独立占地"的配套设施，所以只能选取"开发建设"的未建设用地和"拆除重建"类别的城市更新项目所在地，以保障初中设施独立占地的建设需求。因此，可利用存量用地的建设方式是影响配套设施优化的关键要素。

②房屋产权

对于功能改变和综合整治的城市更新地块，房屋产权是面对城市中心区开展配套设施布局潜在选址用地筛选的重要因子。在当前城市建设已经逐渐从增量空间扩张阶段走向存量提升的优化阶段，现有制度给土地用途转变与房屋产权变更带来了巨额的交易成本[147]。在城市中心区开展配套设施布局的潜在选址用地筛选时，需要考虑已建设存量用地的房屋产权属性。对于产权被私人所有的建筑所在地块，不论是以拆除重建还是功能改变的方式进行更新改造和配套设施布局的优化选址，都将比产权归政府所有的情况要花费更多的经济成本和沟通成本。因此，对于房屋产权的考虑，应优先选择产权归政府所有建筑所在的用地。

**（3）布局优化评估标准**

①设施覆盖率

社区生活圈建设的主要目的是在适宜的步行范围内为居民提供满足基本生活需求的配套设施服务。同时，配套设施由于自身存在服务半径的服务辐射范围限制，只能为其周边一定距离内的居民提供服务。因此，配套设施服务覆盖率是反映配套设施布局水平的基本内容。

②步行可达性

2018版《标准》强调以人的步行时距作为设施分级配套的出发点，引导配套设施的合理布局，因而步行可达性是影响社区生活圈配套设施布局水平的关键因素。同时，已有众多学者针对配套设施的步行可达性及其影响因子进行了较为深入的研究，如魏伟等提出步行路径的畅通性是配套设施步行可达性的关键要素；郭嵘等提出在评估配套设施布局水平时，要考虑地形高程、地貌要素等对步行可达性的影响。

③建设成本

社区生活圈配套设施布局优化选址应统筹考虑设施的建设成本和居民的出行成本[148]。根据第2章关于社区生活圈配套设施布局优化面临的现实限制条件，城市中心区内可利用存量用地空间资源十分局限，导致政府需要统筹考虑配套设施的优化建设成本，即以最小的设施数量满足最大化的居民需求。

④出行成本

强调"以人为本"的新型城镇化发展理念，要求配套设施布局优化要兼顾居民的交通出行成本，即居民到配套设施点的总出行距离应该尽量最短。因此，保障配套设施优化后的居民出行距离总和尽量最短，是社区生活圈配套设施布局优化的重要内容。

### 4.2.3 指标体系构建

**（1）现状评估**

本书基于配套设施布局的步行可达性和覆盖率，立足于城市行政管理体制的角度，从便于实施考核和开展建设两个层面，梳理行政管理单元对于"15分钟社区生活圈"配套设施布局评估的指标需求。一方面，行政管理单元需要有一个用于评估配套设施布局水平的综合性指标，反映评估对象的整体布局水平，便于对评估对象实施综合考核；另一方面，行政管理单元需要一个针对性指标，反映评估对象具体设施的布局水平，便于开展后续针对性的建设工作。因此，基于 2018 版《标准》关于配套设施的配置要求，设定若某一住宅小区同时被 2018 版《标准》规定的"15 分钟社区生活圈"中 17 项应配建项目所覆盖，则认为该住宅小区为合格小区。分别从"整体"和"单体"两个层面，提出反映整体布局合格水平的"住宅小区配套合格率"和反映单项设施覆盖情况的"设施类型覆盖达标率"等两项评估指标，并建立城市中心区社区生活圈配套设施布局的现状评估指标体系（表 4-2）。

城市中心区社区生活圈配套设施布局的现状评估指标体系　　　表 4-2

| 目标层 | 指标层 | 指标含义 | 参考 |
|---|---|---|---|
| 布局水平 | 配套设施覆盖达标率 | 各类单项设施所覆盖的住宅小区数量占住宅小区总数的比值 | 魏伟等（2019）；郭嵘等（2019） |
| | 住宅小区配套合格率 | 合格住宅小区数占住宅小区总数的比值 | |

### （2）优化选址

综合上一节对于配套设施选址要求、存量用地建设局限、布局优化实际效益等三个层面开展的指标体系影响要素分析，结合"用地属性"和"布局效益"等两个层面构建配套设施布局优化的指标体系（表 4-3）。

城市中心区社区生活圈配套设施布局的优化选址指标体系　　　表 4-3

| 目标层 | 指标层 | 指标含义 | 评估标准 | 参考 |
|---|---|---|---|---|
| 用地属性 | 建设方式 | 包含开发建设、拆除重建、功能转变和综合整治等 | 依据设施类型是否应独立占地，分类选取对应建设方式的用地 | 《城市居住区规划设计标准》GB 50180—2018 |
| | 用地规模 | 用地面积 | 优先选择符合该设施的用地面积要求的用地 | |
| | 与周边道路的毗邻关系 | 用地与城市干道、道路交叉口等空间关系 | 优先选择符合该设施对交通环境要求的用地 | |
| | 与周边设施的毗邻关系 | 用地与公园绿地、商业设施等设施的空间关联 | 优先选择符合该设施对周边设施类型要求的用地 | |
| | 房屋产权 | 房屋产权归属 | 优先选择产权归政府所有的建筑所在的用地 | 李晨等（2016） |

续表

| 目标层 | 指标层 | 指标含义 | 评估标准 | 参考 |
|---|---|---|---|---|
| 布局<br>效益 | 配套设施<br>覆盖达标率 | 各类单项设施所覆盖的住<br>宅小区数量占住宅小区总<br>数的比值 | 设施覆盖率越大越好 | 魏伟等（2019）；<br>郭嵘等（2019） |
| | 政府建设成本 | 配套设施优化点数量 | 设施优化点数量越少越好 | 谢小华等（2015） |
| | 居民出行成本 | 居民出行距离总和 | 出行距离总和越小越好 | |

**"15分钟社区生活圈"配套设施规划建设控制要求**　　　　表4-4

| 类别 | 设施名称 | 用地面积<br>（平方米） | 是否<br>独立占地 | 交通环境要求 | 其他设施毗邻要求 |
|---|---|---|---|---|---|
| 公共管理<br>和公共服<br>务设施 | 初中 | 19440~21600 | 应独立占地 | 应避开城市干道交叉口<br>等交通繁忙路段 | — |
| | 大型多功能运<br>动场地 | 3150~5620 | 宜独立占地 | — | 宜结合公共绿地等公共活动空<br>间统筹布局 |
| | 卫生服务中心<br>（社区医院） | 1420~2860 | 宜独立占地 | — | 不宜与菜市场、学校、幼儿园、<br>公共娱乐场所、消防站、垃圾<br>转运站等设施毗邻 |
| | 门诊部 | — | 可联合建设 | 宜设置于辖区内位置<br>适中、交通方便的地段 | — |
| | 养老院 | 3500~22000 | 宜独立占地 | — | 宜临近社区卫生服务中心、幼<br>儿园、小学以及公共服务中心 |
| | 老年养护院 | 1750~22000 | 宜独立占地 | — | |
| | 文化活动中心 | 3000~12000 | 可联合建设 | — | 宜结合或靠近绿地设置 |
| | 社区服务中心<br>（街道级） | 600~1200 | 可联合建设 | — | — |
| | 街道办事处 | 800~1500 | 可联合建设 | — | — |
| | 司法所 | — | 可联合建设 | — | 宜与街道办事处或其他行政管<br>理单位结合建设 |
| 商业服务<br>业设施 | 商场 | — | 可联合建设 | — | |
| | 餐饮设施 | — | 可联合建设 | — | |
| | 银行营业网点 | — | 可联合建设 | — | 宜与商业服务设施结合或临近<br>设置 |
| | 邮政营业场所 | — | 可联合建设 | — | |
| | 电信营业网点 | — | 可联合建设 | — | |
| 市政公用<br>设施 | 开闭所 | 500 | 可联合建设 | — | |
| 交通场站 | 公交车站 | — | 宜独立设置 | | |

（资料来源：作者根据2018版《标准》及《天津市居住区公共服务设施配置标准》DB/T 29-7-2014整理）

### 4.2.4　指标数据获取

关于城市中心区社区生活圈配套设施布局优化指标体系中指标数据的获取方式，主要通过直接赋值和量化计算两种途径。

**（1）直接赋值**

针对指标体系中部分关于指标对象属性信息的指标数据，基于配套设施布局优化的基础研究场景，将社区生活圈配套设施布局优化的基础数据集（见绪论部分）中与相关指标一一对应的属性信息，以直接赋值的方式，输入基础研究场景中的对应空间元素，包括建设方式、用地规模、房屋产权、与周边道路和设施的毗邻关系等相关指标。

**（2）量化计算**

①住宅小区配套合格率

住宅小区配套合格率用于计算评估单元内满足合格标准的住宅小区的占比，是一个反映评估对象的整体布局合格水平的综合性指标。合格率越高，代表评估对象的配套设施布局综合水平越高。

$$住宅小区配套合格率 = \frac{合格小区数}{住宅小区总数} \times 100\%$$

②设施类型覆盖达标率

设施类型覆盖达标率用于计算评估单元内各类单项设施的覆盖情况，同时能针对性地反映评估单元内具体设施类型的覆盖占比和空间分布情况。覆盖率越大，代表配套设施布局越均衡，受益面越广，覆盖人口越多。

$$设施类型覆盖达标率 = \frac{单项设施所覆盖的住宅小区数}{住宅小区总数} \times 100\%$$

③政府建设成本

因各项配套设施的建设成本单价不一，故针对每一类配套设施的政府建设成本均以优化建设的数量表达，优化建设点的数量越多，反映优化建设的成本越高。该指标数据表示在满足覆盖所有服务需求点时，求得所需最少数量的设施优化选址点，其模型的数学表达式为：

$$\min \ z = \sum_{j \in J} y_j \tag{4-1}$$

$$s.t. \sum_{j \in N_i} y_j \geq 1 \qquad \forall i \in I, \tag{4-2}$$

$$y_j = 0, 1 \qquad \forall j \in J. \tag{4-3}$$

其中，$N_i$ 表示一定服务半径内的潜在选址用地的集合。约束（4–2）表示所有的住宅小区至少有一个对应设施在其服务半径范围内。

④居民出行成本

居民出行成本代表居民到配套设施点的出行距离总和，出行距离越大代表居民需要花费的出行成本越高，配套设施布局越不合理。该指标数据表示在限定设施优化选址点的数量时，求得使出行距离总和最小的设施优化选址点，其模型的数学表达式为：

$$\min \ z = \sum_{i \in I} \sum_{j \in J} w_i d_{ij} x_{ij} \tag{4-4}$$

$$s.t. \sum_{j \in J} x_{ij} = 1 \qquad \forall i \in I, \tag{4-5}$$

$$x_{ij} \leqslant y_j \qquad \forall i \in I, j \in J, \tag{4-6}$$

$$\sum_{j \in J} y_j = p, \tag{4-7}$$

$$x_{ij} = 0, 1 \qquad \forall i \in I, j \in J, \tag{4-8}$$

$$y_j = 0, 1 \qquad \forall i \in I. \tag{4-9}$$

其中，$i$ 为需求点指标，$j$ 为潜在选址用地指标，$w_i$ 为 $i$ 点需求量，$d_{ij}$ 为需求点 $i$ 与潜在选址用地 $j$ 的距离。目标（4–4）是使得出行距离总和最小，约束（4–5）表示每个住宅小区只能分配给一处设施，约束（4–4）是分配合理性约束。$y_j$、$x_{ij}$ 分别是选址变量和分配变量。

# 4.3 配套设施布局优化的评估选址模型

## 4.3.1 优化准则

### （1）公平与效率原则

公平与效率是评判配套设施布局优化的基本原则。公平原则是指应尽可能地使研究区域内的所有居民获得各类配套设施服务的机会均等化。在实际应用场景中，即应尽可能地保证区域内的所有居民都能在15分钟步行范围内获取所需的配套设施服务。效率原则是指在对配套设施布局进行优化选址时，应尽可能地实现以最小化的成本获取最大化的收益。在配套设施布局优化选址过程中，应保障设施的覆盖范围与建设成本、出行成本之间的协调关系，实现布局优化效益的最大化。

### （2）统筹规划原则

统筹规划原则是指在对城市中心区进行配套设施布局优化时，受限于存量用地空间资源的紧缺或分散，配套设施的布局优化需要从前期用地选址和后期布局优化两个部分进行统筹规划。前期需要对用地选址的可行性进行评估，保障布局优化的可实施性；后期需要对布局优化选址进行量化计算，保障优化后的配套设施布局水平。

### （3）集约与混合原则

基于 2018 版《标准》针对城市旧区提出的"遵循规划匹配、建设补缺、综合达标、逐步完善"的管理和建设原则，强调配套设施的更新提升应注重各类配套设施的集约建设，打造功能混合的"一站式"社区服务中心。因此，集约与混合原则要求在进行配套设施布局优化时，应充分考虑复合优化选址用地的功能，集约建设各项配套设施，提高城市中心区存量用地使用效率。

## 4.3.2　现状评估

### （1）现状布局水平评估

步行可达性是影响社区生活圈配套设施布局水平的关键因素。因此，引入量化的步行可达性评估方法，开展"15 分钟社区生活圈"配套设施布局水平的评估是十分必要的。

①步行可达性评估方法的比较

目前，国内外学者对于可达性的评估方法有很多形式，针对不同问题的特征属性，采用的分析方法和分析指标也不同。本书列举了其中几种比较常见的评估方法，如缓冲区分析法、临近距离法、费用加权距离法、引力模型法、空间句法分析法、网络分析法等，通过比较各类评估方法的优缺点来选择合适的步行可达性评估方法（表 4-5）。

步行可达性评估方法比较　　　　　　　　　　　　　表 4-5

| 可达性评估方法 | 评估原理和方法 | 方法的优缺点 |
| --- | --- | --- |
| 缓冲区分析法 | 以请求点为圆心，以一定服务半径距离为半径，得到圆形缓冲区，以缓冲区覆盖面积作为服务面积 | 计算简单，易操作，但没有考虑实际空间中的阻碍因素，与现实情况存在差距 |
| 临近距离法 | 通过将居民出发点和目的地作为端点，然后计算从出发点到终点的直线距离作为居民选择的最小临近距离出行路径 | 与缓冲区分析法相似，采用直线距离分析可达性范围，未考虑实际空间中的阻碍因素，但考虑了人口的分布情况，容易高估设施的步行可达范围 |
| 费用加权距离法 | 将研究区栅格数据化，设定各个栅格的行进阻力成本，计算得到各条路径所需消耗的出行成本，以此来评估配套设施的步行可达性 | 将研究区栅格化在一定程度上能反映真实环境的情况和交通出行成本，但非矢量的栅格数据的精度决定路径是否真实、全面表达 |

| 可达性评估方法 | 评估原理和方法 | 方法的优缺点 |
|---|---|---|
| 引力模型法 | 综合设施点的服务能力和居民交通出行成本来设定指标参数，来计算设施点对居民的吸引力，以此评估设施点的步行可达性 | 综合考虑了交通出行成本和设施服务品质对居民出行选择的影响，但是指标设定的方法相对主观，无法有效量化研究，缺乏说服力 |
| 空间句法分析法 | 依据空间句法理论，构建城市道路网络的拓扑结构，从城市空间结构角度模拟居民出行耗费的距离成本 | 考虑了城市步行路网的真实情况，反映步行交通网络对步行可达性的影响，但仅从空间结构角度考虑步行路径的影响，无法针对不同路径的通行能力进行考虑 |
| 网络分析法 | 通过构建城市步行网络的拓扑结构，设定矢量道路的通行能力（速度），模拟居民从源点到达目标点的时间（距离）成本 | 拓扑结构能很好地反映实际步行网络情况，反映步行交通网络对步行可达性的影响，更接近真实空间的服务设施的步行可达性水平 |

（资料来源：作者根据文献整理）

②网络分析方法的适用性分析

GIS 中的网络分析是对真实路径量化模拟的过程，通过模拟交通网络的状态和流量分配过程，实现网络结构和资源的优化配置。网络分析方法最大的特点就是基于现实城市步行路网来进行矢量化的模拟计算。相较于其他方法，网络分析法能将现实的城市步行交通网络转化为拓扑结构，能依据现实情况，对道路的实际通行能力进行分类和赋值，能准确模拟现实步行道路中存在的空间障碍，并开展矢量化的量化计算，这是其他分析方法所不具备的。

同时，社区生活圈配套设施布局规划是以人的日常步行时距为依据，来进行配套设施的分级配置，所以真实的步行交通网络更能帮助分析居民的实际步行出行范围。而网络分析方法能很好地契合社区生活圈配套设施布局关于城市真实步行交通网络的需求，能依据真实的城市步行交通网络模拟居民的步行可达范围，因此，网络分析法是实现客观、准确评估社区生活圈配套设施的步行可达性的优选途径。

③实施评估运算

基于城市中心区社区生活圈配套设施布局的现状评估指标体系，在 GIS 网络分析工具的支持下，开展对配套设施布局的评估运算：

A. 基于拓扑结构的服务路径（步行交通网络数据），利用服务区工具，分别以各类服务供给点（配套设施点）为源点，设置 15 分钟的出行时间阻抗，开展服务区范围运算，得到从各类配套设施点出发，步行 15 分钟的覆盖范围。

B. 利用位置分配模型，以服务需求点（居民住宅小区）为"请求点"，以各类配套设施点为"设施点",设置15分钟的出行时间阻抗,开展设施点分配运算,得到各类配套设施点在步行"15分钟的覆盖范围"内所覆盖的服务需求点(居民住宅小区)。将服务区范围和设施点分配结果结合,完成"15分钟社区生活圈"配套设施步行可达性的评估运算。

**(2)重点优化对象选取**

基于网络分析方法得到的配套设施布局水平的评估结果,只能表达研究区域的整体布局水平,无法表达各个社区生活圈空间单元的设施布局水平。因此,本书基于对社区生活圈空间单元的划分,提出构建"街道分区—社区生活圈—住宅小区"的三级单元统计分析法:

①以街道分区为基本政务管理单元,以各"15分钟社区生活圈"为评估单元,以住宅小区为计算单元。建立从住宅小区开展配套设施布局水平的基础计算,到"15分钟社区生活圈"空间单元的建设评估,再到街道行政管理单元的政务管理工作的传导途径:即基于网络分析方法的运算结果,对各住宅小区的配套设施布局水平开展统计分析,并得到评估结果;统合各"15分钟社区生活圈"空间单元内部的住宅小区配套设施布局水平,得到各"15分钟社区生活圈"空间单元配套设施布局水平的评估情况;基于各街道分区内部所有"15分钟社区生活圈"空间单元的配套设施布局水平,以"15分钟社区生活圈"空间单元为管理对象,支持各街道办事处对辖区内部配套设施布局的管理和建设工作(图4-3)。

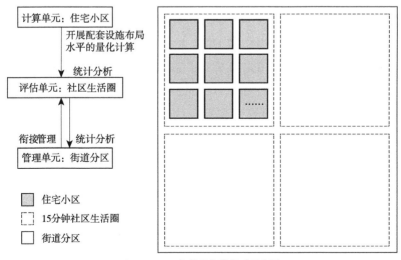

图4-3 三级单元衔接关系示意图

②基于运用 GIS 网络分析方法对研究区开展配套设施步行可达性的量化评估结果，结合"三级单元统计分析法"进行评估数据的统计和整理；

③基于配套设施布局的现状评估指标体系，从"整体布局合格水平"和"单项设施覆盖水平"两个方面构建评估数据清单（表4-6、表4-7），分别反映各级评估单元内配套设施布局的整体布局合格水平，以及各级评估单元内各类单项设施的覆盖情况；

④依据评估数据清单，选取配套设施布局水平较差的社区生活圈空间单元作为重点的布局优化对象。

整体布局合格水平统计表

表 4-6

| 各级评估单元 | 住宅小区配套合格率 |
| --- | --- |
| 行政分区 | |
| 街道 A | |
| 街道 B | |
| 社区生活圈 A | |
| 社区生活圈 B | |
| 社区生活圈 C | |

单项设施覆盖水平统计表

表 4-7

| 各级评估单元 | 设施类型覆盖达标率 | | | | | |
| --- | --- | --- | --- | --- | --- | --- |
| | 初中 | 街道办事处 | 司法所 | …… | 门诊部 | 养老院 |
| 行政分区 | | | | | | |
| 街道 A | | | | | | |
| 街道 B | | | | | | |
| 社区生活圈 A | | | | | | |
| 社区生活圈 B | | | | | | |
| 社区生活圈 C | | | | | | |

### 4.3.3 优化选址

#### （1）潜在选址用地筛选

城市中心区由于可利用存量用地资源的局限，无法像城市新区建设一样进行统一的规划和配建，只能以见缝插针、整合与改造并行等方式进行配套设施布局优化。因此，本节针对城市中心区可利用存量用地资源局限的限制条件，依据各类配套设施的规划建设控制要求，基于决策树构建了潜在选址用地的筛选标准和决策规则。同时，基于配套设施现状布局的评估结果，对布局优化单元内的可利用存量用地资源进行布局优化潜在选址用地的筛选决策。

①决策树方法概述

"决策树"是一种较为常用的决策方法，是一种类似于流程图的树结构[149]。一个决策树有三个重要的组成要素，分别是树的根节点、分支和叶节点。树的根节点是整个决策树的起点，也是决策树的最高层次，包含了进行决策树的"数据集"中所有数据信息；依据决策树在根节点设定的不同属性或数值，从根节点延伸出不同的分支，代表对应不同属性或数值的分类对象，成为新节点，即叶节点；在叶节点处同样地按照一定的属性或数值标准，进行类似的分支判断，形成各级层次的叶结点，而每一个叶结点都是上一级分支判断的决策结果，代表一个分类类别；从根节点不断向下决策分类，直至这一过程达到某一个层级，出现满足符合决策要求的叶节点对象，则完成该决策树的运算（图4-4）。

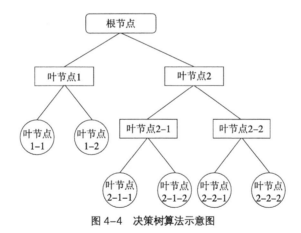

图4-4 决策树算法示意图

决策树常被用来解决研究对象的分类和筛选问题。决策树通过设定多个层次、不同分类标准的特征属性阈值，并从根节点出发，依次以其中一类分类标准开展研究对象的决策分类，发散出不同分支，并形成叶节点。每一个叶节点都是决策的结果，每一条分支路径代表着一条分类和筛选规则，而决策树中所有的分支组合在一起就构成了研究对象的分类和筛选决策器。

②实施用地筛选

关于配套设施布局优化单元内可利用存量用地筛选的"决策树"计算，通过构建基于社区生活圈配套设施布局优化的基础数据集，实现了"根节点"的构建；依据配套设施布局的优化选址指标体系中关于用地属性的指标，作为"分支"的筛选标准。本节通过运用 GIS 属性选择方法，建立潜在选址用地筛选的实施路径，构建"分支"的决策规则，实现对可利用存量用地筛选的"决策树"计算。

A. 基础信息整理

基于社区生活圈配套设施布局优化的基础数据集，依据潜在选址用地筛选的影响要素集，选取布局优化单元内的可利用存量用地的建设方式、用地规模等相关数据和信息（图 4-5）。

| FID | Shape * | Layer | 建设方式 | 用地规模 | 周边交通情况 | 房屋产权 | Handle | Entity | LyrVPFrzn | LyrOn | LyrHa |
|---|---|---|---|---|---|---|---|---|---|---|---|
| 0 | 图 | 可利用用地 | 拆除重建 | 92018.5 | 繁忙 | | 249 | LWPolyline | 0 | 1 | 1E9 |
| 1 | 图 | 可利用用地 | 拆除重建 | 6770.85 | | | 24A | LWPolyline | 0 | 1 | 1E9 |
| 2 | 图 | 可利用用地 | 拆除重建 | 10050.1 | 繁忙 | | 24B | LWPolyline | 0 | 1 | 1E9 |
| 3 | 图 | 可利用用地 | 拆除重建 | 5942.54 | | | 24C | LWPolyline | 0 | 1 | 1E9 |
| 4 | 图 | 可利用用地 | 拆除重建 | 14931.9 | | | 24D | LWPolyline | 0 | 1 | 1E9 |
| 5 | 图 | 可利用用地 | 拆除重建 | 41173.4 | | | 24E | LWPolyline | 0 | 1 | 1E9 |
| 6 | 图 | 可利用用地 | 拆除重建 | 11307.6 | | | 24F | LWPolyline | 0 | 1 | 1E9 |
| 7 | 图 | 可利用用地 | 拆除重建 | 8487.01 | | | 250 | LWPolyline | 0 | 1 | 1E9 |
| 8 | 图 | 可利用用地 | 拆除重建 | 3439.61 | | | 251 | LWPolyline | 0 | 1 | 1E9 |
| 9 | 图 | 可利用用地 | 拆除重建 | 11040.7 | | | 252 | LWPolyline | 0 | 1 | 1E9 |
| 10 | 图 | 可利用用地 | 开发建设 | 12334.2 | | | 255 | LWPolyline | 0 | 1 | 1E9 |
| 11 | 图 | 可利用用地 | 开发建设 | 9520.41 | | | 258 | LWPolyline | 0 | 1 | 1E9 |
| 12 | 图 | 可利用用地 | 开发建设 | 12539.3 | | | 25B | LWPolyline | 0 | 1 | 1E9 |
| 13 | 图 | 可利用用地 | 开发建设 | 50917.6 | 繁忙 | | 25E | LWPolyline | 0 | 1 | 1E9 |
| 14 | 图 | 可利用用地 | 开发建设 | 3913.27 | | | 25F | LWPolyline | 0 | 1 | 1E9 |
| 15 | 图 | 可利用用地 | 开发建设 | 57229.3 | | | 262 | LWPolyline | 0 | 1 | 1E9 |
| 16 | 图 | 可利用用地 | 拆除重建 | 14580.5 | | | 265 | LWPolyline | 0 | 1 | 1E9 |
| 17 | 图 | 可利用用地 | 拆除重建 | 92016.5 | | | 266 | LWPolyline | 0 | 1 | 1E9 |
| 18 | 图 | 可利用用地 | 拆除重建 | 54125 | | | 267 | LWPolyline | 0 | 1 | 1E9 |
| 19 | 图 | 可利用用地 | 拆除重建 | 6770.85 | | | 268 | LWPolyline | 0 | 1 | 1E9 |
| 20 | 图 | 可利用用地 | 拆除重建 | 5727.71 | | | 269 | LWPolyline | 0 | 1 | 1E9 |
| 21 | 图 | 可利用用地 | 拆除重建 | 46437.3 | 繁忙 | | 26A | LWPolyline | 0 | 1 | 1E9 |
| 22 | 图 | 可利用用地 | 拆除重建 | 74103.7 | 繁忙 | | 26B | LWPolyline | 0 | 1 | 1E9 |
| 23 | 图 | 可利用用地 | 拆除重建 | 69131.6 | | | 26C | LWPolyline | 0 | 1 | 1E9 |
| 24 | 图 | 可利用用地 | 功能转变 | 40377.9 | 繁忙 | | 26D | LWPolyline | 0 | 1 | 1E9 |
| 25 | 图 | 可利用用地 | 拆除重建 | 10050.1 | | | 26E | LWPolyline | 0 | 1 | 1E9 |
| 26 | 图 | 可利用用地 | 拆除重建 | 5942.54 | | | 26F | LWPolyline | 0 | 1 | 1E9 |
| 27 | 图 | 可利用用地 | 拆除重建 | 31596.2 | 繁忙 | | 270 | LWPolyline | 0 | 1 | 1E9 |
| 28 | 图 | 可利用用地 | 开发建设 | 61765.6 | 繁忙 | | 271 | LWPolyline | 0 | 1 | 1E9 |
| 29 | 图 | 可利用用地 | 开发建设 | 10016 | | | 272 | LWPolyline | 0 | 1 | 1E9 |
| 30 | 图 | 可利用用地 | 拆除重建 | 60919.1 | | | 273 | LWPolyline | 0 | 1 | 1E9 |

｜◀ ◀　　5　▶ ▶｜ (0 / 69 已选择)

可利用存量用地

图 4-5　潜在选址用地的基础信息

B. 建立影响要素决策顺序

针对多要素的影响因子，需要根据各要素的层级关系，以及对于潜在选址用地筛选的重要性，建立对应的决策顺序。本书提出基于配套设施布局的优化选址指标体系中关于用地属性的指标，从"内部属性"到"外部空间"建立筛选决策的顺序：

a. 首先考虑配套设施是否独立占地，决定潜在选址用地的建设方式；

b. 考虑配套设施的用地规模要求；

c. 考虑潜在选址用地周边的交通环境；

d. 考虑潜在选址用地与周边现状配套设施的毗邻关系。

C. 基于属性选择方法实施用地筛选

依据上述筛选决策的顺序，以初中的潜在选址用地筛选为例，建立 GIS 属性选择方法的计算公式（图 4-6），实施用地筛选，并得到"叶节点"，完成"决策树"计算。

**（2）配套设施优化选址**

位置分配模型是进行服务设施空间布局优化的有效方法[150]，因此，运用量化、适用的位置分配模型，开展"15 分钟社区生活圈"配套设施布局的优化选址是十分必要的。

图 4-6 潜在选址用地筛选公式

①位置分配模型的比较

基于 GIS 平台的位置分配模型拥有十分强大的布局优化模型工具，此处选取 GIS 10.2 版本中与研究相关的优化选址模型开展比较研究（表 4-8）。

位置分配的优化模型比较      表 4-8

| 优化模型 | 模型目标 |
| --- | --- |
| 最小化阻抗 | 请求点与设施点解之间的所有加权成本之和最小，即任何一个请求点到距其最近地设施之间的平均距离最小 |
| 最大化覆盖 | 在设施点地阻抗中断内，使尽可能多的请求点被分配到所求解的设施点 |
| 最小化设施点 | 在设施点的阻抗中断内，使尽可能多的请求点被分配到所求解的设施点，同时，还要使覆盖请求点的设施点的数量最小化 |
| 最大化人流量 | 在假定分配至设施点的请求数量随着距离的增加而减少的前提下，将设施点定位在能将尽可能多的请求权重分配给设施点的位置上 |
| 目标市场份额 | 在存在竞争者的情况下，确定出占有总市场份额指定百分比所需的设施点的最小数量 |
| 最大化市场份额 | 利用指定数量的设施点，占尽可能多的市场份额 |

（资料来源：根据 GIS 软件说明整理）

②优化模型选择

位置分配模型中各类优化模型的特征和应用目标均存在差异，而"最小化设施点模型"强调在一定阻抗距离内，以最少的设施点数量去覆盖尽可能多的请求点；"最小化阻抗模型"强调使得所有请求点到距离其最近的设施点之间的距离总和最小。二者的

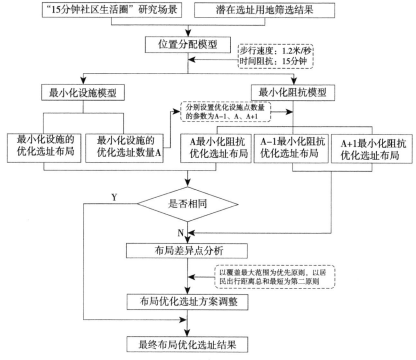

图 4-7　配套设施优化选址技术路线图

应用目标分别与配套设施布局的优化选址指标体系中关于政府建设成本和居民出行成本的统筹考虑相契合。因此，"最小化设施模型"是统筹政府建设成本约束的优选模型，而"最小化阻抗模型"是统筹居民出行成本约束的优选模型。

③实施优化选址（图 4-7）

基于位置分配模型的配套设施布局优化选址，主要包括以下步骤和内容：

A. 基于"15 分钟社区生活圈"研究场景，选取服务需求点（居民住宅小区）为"请求点"，以现状服务供给点（某一类配套设施点）为"必选设施点"。基于上一节潜在选址用地的筛选结果，将符合该类配套设施规划建设控制要求的潜在选址用地设置为"候选设施点"。

B. 设置居民步行速度为 1.2 米 / 秒、时间阻抗为 15 分钟，作为开展布局优化计算的前置条件。运用最小化设施模型，计算该类配套设施在满足最大覆盖范围的情况下，需要最小化设施点的布局和数量，实现基于建设成本约束的布局优化选址。

C. 基于最小化设施模型计算所得的优化选址点数量 A，设定优化设施点数量为 A-1、A、A+1 三种情况，运用最小化阻抗模型，基于居民出行成本约束的条件，计算该类型配套设施在三种优化设施点数量的情况下，居民出行距离总和最短的优化选址点布局。

D. 将两种模型的计算结果进行比较，若优化设施点数量为 A 的情况下，两种模型的计算结果相同，则该计算结果为该类配套设施的最终布局优化选址结果；若优化设施点数量为 A 的情况下，两种模型的计算结果不相同，则需利用 GIS 平台对优化设施点数量为 A–1、A、A+1 三种情况下的最小化阻抗模型计算结果同最小化设施模型计算结果进行布局差异点分析。

E. 针对布局差异点的分布情况，利用 GIS 平台开展针对局部布局差异点所造成的出行距离总和的原因分析，并以覆盖最大范围为优先原则，以居民出行距离总和最短为第二原则，开展布局优化选址方案的调整和优化，最终综合得到"设施建设量最少、居民出行距离最短、设施覆盖范围最大"的优化选址结果。

## 4.4　配套设施布局优化的技术路线

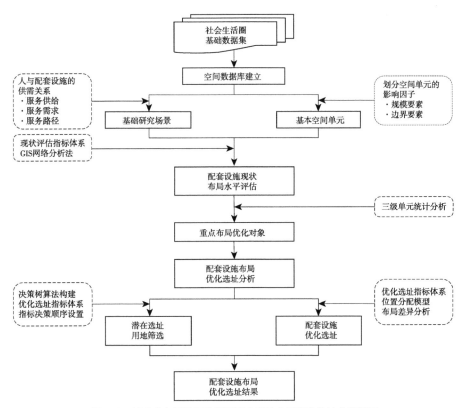

图 4-8　城市中心区社区生活圈配套设施布局优化的技术路线图

实例篇

# 第5章
# 典型研究区概况

## ‖ 5.1　天津市河东区总体情况

### 5.1.1　研究区区位

河东区是天津市行政分区之一，位于中心城区东部，海河东岸，总规模 42 平方公里（图 5-1），常住人口 97.28 万人（2018 年天津统计年鉴数据）。河东区下辖 12 个街道：常州道街、鲁山道街、春华街、唐家口街、向阳楼街、东新街、大王庄街、上杭路街、大直沽街、中山门街、富民路街、二号桥街（图 5-2）。平均每个街道面积 3.5 平方公里。

### 5.1.2　交通概况

河东区是天津市内六区中距离机场、滨海新区、海港空港较近的行政分区，紧邻天津站，通过 11 座跨河大桥与和平、河西相连，经津滨大道、卫国道、东纵快速等快速系统与主城各区联通，旁站、沿河、近港，是天津中心城区无可争议的城市门户（图 5-3、图 5-4）。

与《城市道路交通规划设计规范》GB 50220—95 进行比较：河东区快速路路网密度为 0.44 公里 / 平方公里，主干道路网密度 1.23 公里 / 平方公里，分别满足最低标准 0.4 公里 / 平方公里、0.8 公里 / 平方公里。而次干道路网密度为 1.16 公里 / 平方公里，支路路

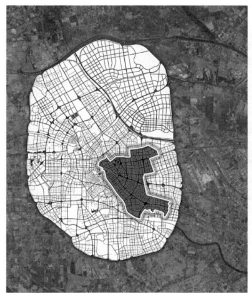

图 5-1　河东区区位

图 5-2　河东区行政区划

图 5-3　11 座跨河大桥与和平、河西相连

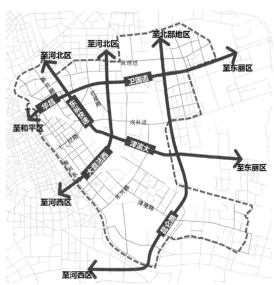

图 5-4　快速系统联通主城各区

网密度 1.46km/km²，分别低于最低标准 1.2km/km²、3km/km²（图 5-5）。这些特征决定了在河东区有限的空间中，活动空间与交通空间矛盾突出，人行与车行矛盾突出，抵达与过境交通矛盾突出[151]。

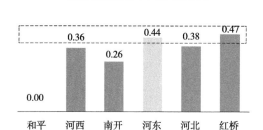

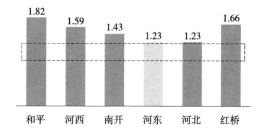

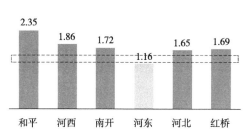
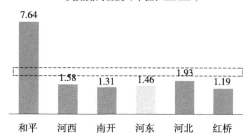

图 5-5　河东区各等级道路路网密度

## 5.1.3　土地利用

2016 年，河东区城市建设用地 37.62 平方公里，其中居住用地占比 47%，公共管理与公共服务设施用地占比 12%，人均公共管理与公共服务设施用地 4.1 平方米 / 人，绿地与广场用地占比 7.1%，人均绿地与广场用地 2.5 平方米 / 人。与《城市用地分类与规划建设用地标准》GB 50137—2011 进行比较：居住用地占比高于标准值 25%~40%，人均公共管理与公共服务设施用地低于标准值 5.5 平方米 / 人，人均绿地与广场用地远低于标准值 10 平方米 / 人（图 5-6）。

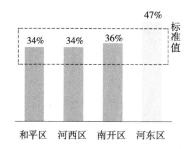
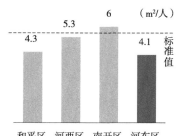

图 5-6　河东区土地利用现状

### 5.1.4 人口规模

河东区常住人口数量97.28万人（2017年），其中2008~2017十年间，河东区常住人口增长数量为15.2万人，位列市内六区第三位；增长速度18.52%，位列市内六区第二位（图5-7）。

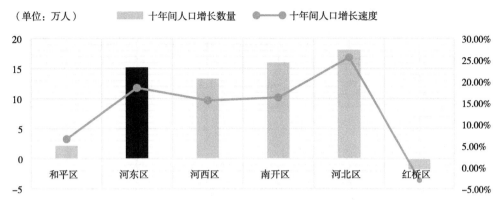

图5-7 近十年（2008~2017年）市内六区人口变化趋势
（信息来源：天津市统计局《天津统计年鉴（2008–2018）》）

## 5.2 数据基础

### 5.2.1 现有数据内容分析

数据获取方法参见3.4章节"社区生活圈数据获取方法"，本小节将对所获数据的具体来源部门、数据内容、数据格式等进行阐述。根据数据所反映的要素数量，将现有数据划分为反映单要素信息与反映多要素信息两种类型。

**（1）反映单要素信息的数据**

①土地利用数据

土地利用数据涉及规划院、百度地图LBS平台两个数据来源，SHP、JPG、EXCEL三种数据格式，天津90坐标一种坐标系（表5-1）。

土地利用数据内容　　　　表5-1

| 要素 | 数据名称 | 数据坐标 | | 数据来源 | 数据精度 | | 数据格式 |
|---|---|---|---|---|---|---|---|
| | | 地理坐标 | 投影坐标 | | 空间精度 | 时间精度 | |
| 土地利用 | 现状/规划用地性质 | 天津90坐标 | 无 | 规划院 | 1：2000 | 2017年 | 矢量数据（Shp） |

续表

| 要素 | 数据名称 | 数据坐标 | | 数据来源 | 数据精度 | | 数据格式 |
|---|---|---|---|---|---|---|---|
| | | 地理坐标 | 投影坐标 | | 空间精度 | 时间精度 | |
| 土地利用 | 存量可改造用地 | 无 | 无 | 规划院 | — | 2015 年 | 栅格数据（JPG） |
| | 居住人口数量 | 无 | 无 | 百度地图 | 100 米 ×100 米 | 2019 年 | 属性数据（Excel） |
| | 设施点客流量 | 无 | 无 | 百度地图 | 100 米 ×100 米 | 2019 年 | 属性数据（Excel） |

（信息来源：作者整理）

其中现状/规划用地性质数据包含用地性质、用地面积两种属性信息（图 5-8）。存量可改造用地数据反映存量可改造用地空间分布信息，JPG 格式（图 5-9），不具备空间坐标信息。居住人口数量与设施点客流量包含区域名称、人口数量两个属性信息，区域名称与用地属性字段"FID"相对应，不具备空间坐标信息（表 5-2）。

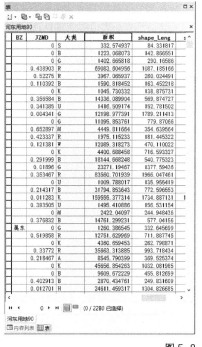

图 5-8　河东区现状土地利用（2017 年）

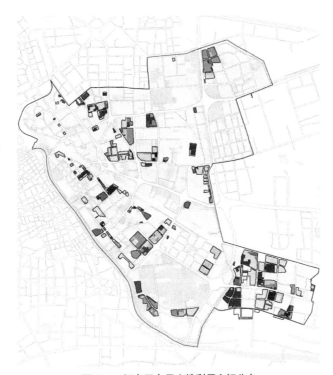

图5-9　河东区存量土地利用空间分布

百度慧眼下载部分居住用地内居住人口数量　　　　　　　　　表5-2

| 居住用地 FID | 区域名称 | 居住人口数量（人） |
|---|---|---|
| 588 | 588 | 109 |
| 123 | 123 | 129 |
| 425 | 425 | 250 |
| 420 | 420 | 275 |
| 728 | 728 | 3617 |
| 99 | 99 | 144 |
| 5 | 5 | 789 |
| 383 | 383 | 163 |
| 671 | 671 | 126 |
| 527 | 527 | 550 |
| 195 | 195 | 355 |
| 637 | 637 | 2745 |

注：完整河东区居住人口数量见附录A。

（信息来源：作者整理）

②建筑数据

建筑数据提取自地形图（2015年），包含注释（Annotation）、折线（Polyline）、多边形（Polygon）等要素信息。其中，注释中包含建筑层数信息，多边形包含建筑基底面积。DWG格式，部分建筑图形要素缺失（图5-10）。

③配套设施数据

配套设施来源于百度地图Place API接口与规划院两个渠道。配套设施获取结果为点状数据，不具备用地规模、建筑规模

图5-10 河东区建筑数据（2015年）

等属性信息。百度地图Place API接口获取的POI数据属性信息包含设施名字、设施地址、设施类型、百度坐标信息（表5-3）。规划院设施数据属性信息包含设施名字、设施类型、百度坐标信息（表5-4）。对比表5-3与表5-4的信息，可发现百度POI与规划院设施数据分类方式不同，且百度POI设施数据的属性描述比规划院设施数据更丰富。

**部分百度POI数据**　　表5-3

| 设施名字 | 地址 | 第一类 | 第二类 | 第三类 | baidu_x | baidu_y |
|---|---|---|---|---|---|---|
| 中国工商银行ATM（解放南路） | 浯水道附近 | 金融保险服务 | 自动提款机 | 中国工商银行ATM | 117.238860356 | 39.0512231417 |
| 多多来小卖部 | 解放南路 | 购物服务 | 便民商店/便利店 | 便民商店/便利店 | 117.239561978 | 39.0613307444 |
| 天水寄宿小学 | 天水道2号 | 科教文化服务 | 学校 | 小学 | 117.269235610 | 39.0613388349 |
| 中国联通（泗水道营业厅） | 三水道玉峰花园35号 | 生活服务 | 电信营业厅 | 中国联通营业厅 | 117.275950593 | 39.0613536881 |
| 天津河西宜家门诊部 | 三水南里增60～62号 | 医疗保健服务 | 医疗保健服务场所 | 医疗保健服务场所 | 117.269456985 | 39.0614001369 |

（信息来源：作者整理）

**部分规划院设施数据**　　表5-4

| HY | LB | baidu_x | baidu_x |
|---|---|---|---|
| 小学 | 教育 | 117.2224586 | 39.14592918 |

续表

| HY | LB | baidu_x | baidu_x |
|---|---|---|---|
| 小学 | 教育 | 117.2570724 | 39.12672812 |
| 小学 | 教育 | 117.2619089 | 39.12086192 |
| 小学 | 教育 | 117.2403072 | 39.14010287 |
| 小学 | 教育 | 117.2710915 | 39.11096742 |
| 小学 | 教育 | 117.2282751 | 39.13472441 |
| 小学 | 教育 | 117.2297187 | 39.1322137 |

（信息来源：作者整理）

④道路数据

道路数据提取自规划院地形图（2015年），SHP格式，包含道路名称、道路等级等属性信息，也包含道路设施空间布局、名称等信息（图5-11）。

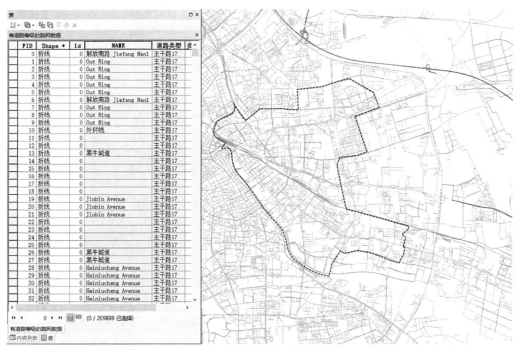

图5-11 河东区道路数据（2017年）

**（2）反映多要素信息的数据**

基于课题合作关系，课题组借助中国科学院遥感与数字地球研究所丰富充足的卫星遥感影像资源，获取到河东区时间精度为 2019 年 3 月份，空间精度 0.8 米的遥感影像，空间坐标为 WGS_1984，JPG 格式。该数据现势性较高，真实反映了河东区建筑、道路、土地利用等多个要素的空间分布情况（图 5-12~ 图 5-14）。

图 5-12　河东区遥感影像（2019 年 3 月）
（图片来源：中国科学院遥感与数字地球研究所）

图 5-13　河东区体育场 　　　　　　　　图 5-14　河东区桥园公园
（图片来源：中国科学院遥感与数字地球研究所）　（图片来源：中国科学院遥感与数字地球研究所）

### 5.2.2　现有数据特征剖析

研究区数据内容汇总　　　　　　　　　　　　　表 5-5

| 数据类型 | 涉及要素 | 数据名称 | 数据坐标 | | 来源部门 | 数据精度 | | 数据格式 |
|---|---|---|---|---|---|---|---|---|
| | | | 地理坐标 | 投影坐标 | | 空间精度 | 时间精度 | |
| 反映单要素信息 | 土地利用 | 现状/规划用地性质 | 天津90坐标 | 无 | 规划院 | 1：2000 | 2017年 | 矢量数据（Shp） |
| | | 现状存量可改造用地 | 无 | 无 | 规划院 | 无 | 2016年 | 栅格数据（JPG） |
| | | 居住人口数量 | 无 | 无 | 百度 | 100米×100米 | 2019年 | 属性数据（Excel） |
| | | 设施点客流量 | 无 | 无 | 百度 | 100米×100米 | 2019年 | 属性数据（Excel） |
| | 建筑 | 现状建筑 | 天津90坐标 | 无 | 规划院 | 1：2000 | 2015年 | 矢量数据（DWG） |
| | 配套设施 | 现状设施 | WGS_1984 | 无 | 规划院 | — | 2017年 | 矢量数据（Excel） |
| | | 现状设施 | 百度坐标 | 无 | 百度 | — | 2017年 | 矢量数据（Excel） |
| | 道路 | 现状路网 | 天津90坐标 | 无 | 规划院 | 1：2000 | 2017年 | 矢量数据（Shp） |
| | | 道路设施 | 天津90坐标 | 无 | 规划院 | 1：2000 | 2017年 | 矢量数据（Shp） |
| 反映多要素信息 | 建筑/道路/土地利用 | 遥感影像 | WGS_1984 | 无 | 中国科学院遥感与数字地球研究所 | — | 2019年 | 栅格数据（JPG） |

（信息来源：作者整理）

根据现有数据获取结果（表 5-5），可发现如下几个特征：

#### （1）同一地区多源数据坐标、格式多样

数据来源渠道与方法不同导致数据获取结果包含天津 90 坐标、WGS1984 坐标、百度坐标三种坐标体系，覆盖 EXCEL、CAD、SHP、JPG 四种数据格式。多格式转换、多坐标统一是多源数据集成的核心内容。

#### （2）反映同一要素的数据来源部门多样

配套设施数据来源渠道为百度地图与规划院，建筑数据来源于规划院与中国科学院遥感与数字地球研究所。多源数据存在描述同一地物的情况，重复与冲突内容的判别与处理是多源数据匹配与融合的关键。

## 5.3 配套设施布局现状

### 5.3.1 现状建设水平

依据河东区配套设施的现状数据，对河东区现状配套设施的数量、覆盖率等方面进行分析，以小学、幼儿园、体育设施、文化设施、医疗卫生设施和轨道交通站点等为例，反映河东区配套设施的现状建设水平（图 5-15）。

以强调"服务半径"的传统方法对河东区配套设施现状布局水平进行分析，发现河东区现状配套设施布局的整体水平不高，不同类型的配套设施建设数量和覆盖率呈现较大的差异。因而，河东区配套设施布局存在较高的优化提升需求。其中小学设施 500 米半径的空间面积覆盖率仅有 66.4%，幼儿园设施 300 米半径的空间面积覆盖率仅有 48.5%，体育设施则更低，仅有 31.5%。相对而言，河东区的文化、医疗卫生设施和轨道交通站点的空间面积覆盖率较好，均在 70% 以上（表 5-6）。

天津市河东区部分配套设施布局的现状建设水平 　　　　　表 5-6

| 设施类型 | 设施数量 | 空间面积覆盖率 | 设施类型 | 设施数量 | 空间面积覆盖率 |
|---|---|---|---|---|---|
| 小学 | 49 | 66.4% | 文化设施 | 21 | 73.8% |
| 幼儿园 | 85 | 48.5% | 医疗卫生设施 | 22 | 100% |
| 体育设施 | 8 | 31.5% | 轨道交通站点 | 21 | 82.9% |

（信息来源：作者整理）

图 5-15　天津市河东区部分配套设施现状服务覆盖范围图

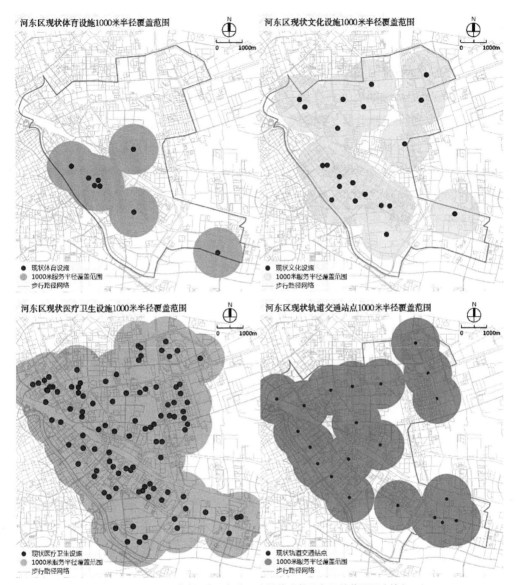

图 5-15 天津市河东区部分配套设施现状服务覆盖范围图（续）

## 5.3.2 优化限制条件

### （1）可利用存量用地有限

天津市河东区作为天津城市的发祥地之一，是天津市中心市区发展最早的区域之一，城市建设程度较高，现状可利用存量空间资源存在有限。依据天津市勘察院调查统计数据，天津市河东区 2016 年可改造用地约 489 公顷，仅占天津市河东区建设用地总量的 12.9%[98]。可利用存量用地的用地规模不一，空间分布零散，对河东区配套设施布局的优化提升存在一定约束。

**（2）快速交通设施阻隔**

便捷通畅的步行交通网络是保障社区生活圈配套设施步行可达的重要基础。而河东区内部快速交通设施种类多、数量大（铁路、快速路、主干道等纵横交错；城市主干道路网密度为 1.23 公里 / 平方公里，超出国家标准），造成河东区城市步行交通网络破碎度高、城市生活空间割裂现象严重且品质不佳等问题（图 5-16），削弱了周边配套设施的步行可达性，使其对应的服务覆盖范围缩减，阻隔了城市居民的日常社会活动，降低了周边配套设施的服务效率。

图 5-16　天津市河东区快速交通设施分布图

# 第6章

# 天津市河东区社区生活圈数据库构建

## ▌ 6.1 数据规范处理

### 6.1.1 属性字段代码统一

多源数据对同一属性字段的描述不同，如百度地图 POI 数据包含设施名字、地址、设施类型、baidu_x 坐标、baidu_y 坐标信息六个属性字段。规划院设施数据包含 HY（设施小类）、LB（设施大类）、baidu_x 坐标、baidu_y 坐标四个属性字段，其中设施名称与设施类型两个重要的字段名称或代码不同。因此本书统一数据属性字段代码（表 6-1），每类数据可以有多个属性字段，但当其与另一类数据描述同一要素属性时，应统一相同属性的字段代码，以便进行后续数据匹配与融合，亦有助于数据互联互通，部门协同工作。后续可根据研究与实践需求进一步添加属性字段与代码，形成一套完整规范的属性字段代码目录。

**数据属性字段代码统一**　　　　　　　　　　　表 6-1

| 序号 | 涉及要素 | 字段名称 | 字段代码 | 备注 |
|------|----------|----------|----------|------|
| 1 | | 用地性质 | YDXZ | — |
| 2 | 土地利用 | 用地规模 | YDGM | 平方米 |
| 3 | | 居住人口数量 | JZRKSL | 人 |
| 4 | | 设施点客流量 | SSDKLL | 人 |

| 序号 | 涉及要素 | 字段名称 | 字段代码 | 备注 |
|------|----------|----------|----------|------|
| 5 | 土地利用 | 存量可改造 | CLKGZ | 是 / 否 |
| 6 | 建筑 | 建筑名称 | JZMC | — |
| 7 | | 建筑层数 | JZCS | — |
| 8 | | 基底面积 | JDMJ | 平方米 |
| 9 | | 建筑类型 | JZLX | — |
| 10 | 配套设施 | 设施名称 | SSMC | — |
| 11 | | 设施类别 | SSLB | — |
| 12 | | 用地规模 | YDGM | 平方米 |
| 13 | | 建筑规模 | JZGM | 平方米 |
| 14 | 道路 | 道路名称 | DLMC | — |
| 15 | | 道路等级 | DLDJ | — |
| 16 | | 道路设施 | DLSS | — |

（信息来源：作者整理）

## 6.1.2  数据分类方式统一

### （1）土地利用数据

严格按照《城市用地分类与规划建设用地标准》GB 50137—2011 划分土地利用类别（表 6-2、表 6-3）。

**城乡用地分类与代码**　　　　　　　　　　　　　　　　　　表 6-2

| 代码 | | | 用地类别名称 |
|------|------|------|--------------|
| 大类 | 中类 | 小类 | |
| H | | | 建设用地 |
| | H1 | | 城乡居民点建设用地 |
| | | H11 | 城市建设用地 |
| E | | | 非建设用地 |
| | E1 | | 水域 |
| | | E11 | 自然水域 |

（信息来源：作者根据《城市用地分类与规划建设用地标准》GB 50137—2011 整理）

**城市建设用地分类与代码**　　　　　　　　　　　　　　　　表 6-3

| 代码 | | 用地类别名称 |
|------|------|--------------|
| 大类 | 中类 | |
| R | | 居住用地 |

续表

| 代码 | | 用地类别名称 |
|---|---|---|
| 大类 | 中类 | |
| A | | 公共管理与公共服务用地 |
| | A1 | 行政办公用地 |
| | A2 | 文化设施用地 |
| | A3 | 教育科研用地 |
| | A4 | 体育用地 |
| | A5 | 医疗卫生用地 |
| | A6 | 社会福利用地 |
| B | | 商业服务业设施用地 |
| | B1 | 商业用地 |
| | B2 | 商务用地 |
| | B3 | 娱乐康体用地 |
| | B4 | 公用设施营业网点用地 |
| M | | 工业用地 |
| W | | 物流仓储用地 |
| S | | 道路与交通设施用地 |
| | S1 | 城市道路用地 |
| | S2 | 轨道交通线路用地 |
| | S3 | 交通枢纽用地 |
| | S4 | 交通场地用地 |
| U | | 公用设施用地 |
| G | | 绿地与广场用地 |

（信息来源：作者根据《城市用地分类与规划建设用地标准》GB 50137—2011 整理）

### （2）建筑数据

本书结合建筑使用功能及社区生活圈研究重点，将研究区内建筑数据按照功能划分为居住建筑与公共建筑两大类，公共建筑又分为办公建筑、商业建筑、旅游建筑、科教文卫建筑、通信建筑、交通运输类建筑以及其他等（表6-4）。

建筑类型划分　　　　　　　　　　　　　　　　表6-4

| 大类 | 中类 | 小类 |
|---|---|---|
| 居住建筑 | — | — |

续表

| 大类 | 中类 | 小类 |
|------|------|------|
| 公共建筑 | 办公建筑 | 写字楼、政府部门办公室 |
| | 商业建筑 | 商场、金融建筑 |
| | 旅游建筑 | 酒店、娱乐场所 |
| | 科教文卫建筑 | 文化、教育、科研、医疗、卫生、体育建筑 |
| | 通信建筑 | 邮电、通信、数据中心、广播用房 |
| | 交通运输类建筑 | 地铁站等 |
| | 其他 | 派出所、仓库、拘留所 |

（信息来源：作者整理）

### （3）道路数据

根据道路通行能力将道路数据划分为阻碍路径与通行路径两大类。阻碍路径包含城市快速路、铁路线、立交以及河流等阻止居民通行的城市要素。通行路径可以按照居民的步行速度划分为两小类：一类为城市主干道、城市支路、城市支路等居民可以正常步速通行的城市道路；另一类为过河桥、人行横道、天桥、地下通道、桥下通道等居民以一定步行阻碍系数通行的各类道路设施（表6-5）。

道路数据分类
表6-5

| 道路数据分类 | 阻碍路径 | 通行路径 | |
|------|------|------|------|
| | 城市快速路<br>铁路线<br>立交<br>河流 | 城市主干道<br>城市次干道<br>城市支路 | 过河桥<br>人行横道<br>天桥<br>地下通道<br>桥下通道 |
| 居民步行参数 | 不能通行 | 正常步速通行 | 居民正常步速<br>*阻碍参数 |

（信息来源：作者整理）

### （4）配套设施数据

两种来源配套设施数据的分类方式不同（表6-6），且与《标准》中配套设施分类标准存在差异。本书统一设施分类标准，两种来源的配套设施数据分类与新《标准》的分类对应关系，如表6-7所示。

两种来源配套设施数据分类方式　　　　　表6-6

| 百度地图 | 规划院 |
|---|---|
| 餐饮服务<br>公共设施<br>购物服务<br>交通设施<br>金融保险服务<br>教育和文化服务<br>生活服务/体育和休闲服务<br>医疗服务<br>政府机构和社会团体 | 行政管理<br>交通设施<br>教育<br>商业金融<br>社区服务<br>市政设施<br>文化体育绿地<br>医疗卫生 |

（信息来源：作者整理）

两种来源配套设施数据分类方式与《标准》中配套设施分类标准的对应关系　表6-7

| 百度地图 POI 数据分类 | 《标准》中配套设施分类 | 规划院设施数据分类 |
|---|---|---|
| 政府机构和社会团体 | 公共管理和公共服务设施 | 行政管理 |
| 公共设施 | | |
| 教育和文化服务 | | 教育 |
| 百度地图 POI 数据分类 | 《标准》配套设施分类 | 规划院设施数据分类 |
| 体育和休闲服务 | 公共管理和公共服务设施 | 文化体育 |
| 医疗服务 | | 医疗卫生 |
| 餐饮服务 | 商业服务业设施 | 商业金融 |
| 购物服务 | | |
| 金融保险服务 | | |
| — | 市政公用设施 | 市政设施 |
| 交通设施 | 交通场站 | 交通设施 |
| 生活服务 | 社区服务设施 | 社区服务 |

（信息来源：作者整理）

## 6.2　多源数据集成

### 6.2.1　数据格式转换

获取数据格式包含 DWG、EXCEL、SHP、JPG。本书主要涉及将 DWG、EXCEL 与 JPG 文件转换成 ArcGIS 软件常用的 SHP 文件。

#### （1）DWG 文件

建筑数据。在 ArcGIS 软件中连接好建筑 DWG 文件所在的文件夹，并将建筑 DWG

文件拖至图层窗口，保留注释（Annotation）与多边形（Polygon）信息。右键多边形（Polygon），选择导出数据，保存名称为"河东区建筑数据"并加载至图层。打开注释（Annotation）属性表，删除文字注释，只保留反映建筑层数的数字注释。基于 ArcGIS 软件"数据管理工具—要素—要素转点"功能，右键选择导出数据，保存名称为"建筑数据—层数"并加载至图层。基于 ArcGIS 软件"Analysis Tool—叠加分析—空间连接"功能，以"河东区建筑数据"为目标图层，连接"建筑数据—高度"，至此完成建筑 DWG 文件转换，并包含完整的建筑层数（JZCS）、建筑基底面积（JDMJ）两个属性信息（图 6-1）。

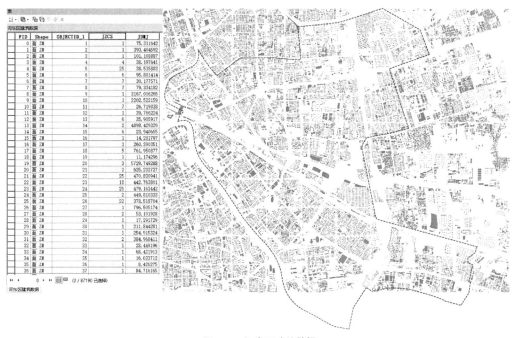

图 6-1 河东区建筑数据

### （2）EXCEL 文件

配套设施数据。可直接通过 ArcGIS 软件菜单栏"添加数据"，将河东区百度地图 POI 数据、规划院设施数据加载至图层窗口，右键选择"显示 XY 数据"，X 字段选择 baidu_x，Y 字段选择 baidu_y，右键选择"数据—导出数据"，分别保存为"河东区百度 POI 设施数据"与"河东区规划院设施数据"（图 6-2）。

居住人口数量与设施点客流量。以居住人口数量（JZRKSL）为例，可通过 ArcGIS

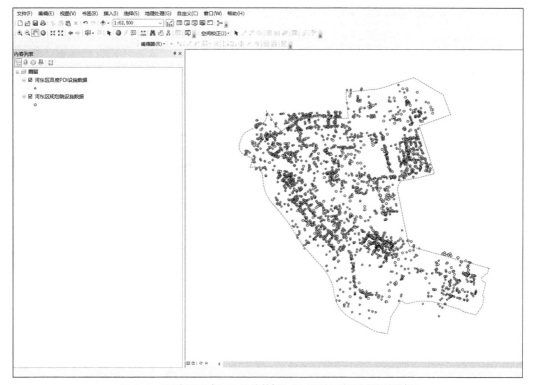

图6-2 "河东区百度POI设施数据"与"河东区规划院设施数据"

软件直接打开存储居住人口数量的 Excel 文件，但由于其不具备空间坐标信息，因此不能进行空间落位即不能在 ArcGIS 软件中进行可视化呈现（图6-3），需进一步结合属性特征与居住用地匹配。

（3）JPG 文件

遥感影像。可被 ArcGIS 软件直接读取，但高分辨率影像较大，若不进行"构建金字塔"操作，在影像显示中就要访问整个栅格数据，通过大量计算来选择哪些栅格像元被显示。金字塔可对栅格影像按逐级降低分辨率的拷贝方式进行存储，通过选择一个与显示区域相似的分辨率，只需进行少量的查询和少量的计算，减少显示时间，使其更快速显示。基于 ArcGIS 软件数据管理模块"栅格—栅格属性—构建金字塔"对河东区遥感影像进行金字塔处理（图6-4），以便后续能快速查询获取数据。

存量可改造用地。河东区现有存量用地约489公顷，根据已有 JPG 信息基于 ArcGIS 数据编辑功能进行矢量化处理，将原有栅格图片转换为矢量 Shp 文件。河东区存量可改造地快共计432处，添加"CLKGZ"字段，属性信息为"是"（图6-5）。

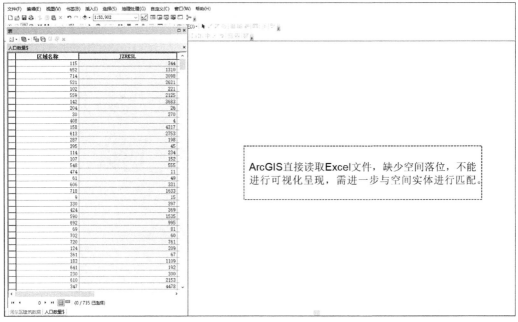

图6-3　ArcGIS软件读取居住人口数量Excel文件

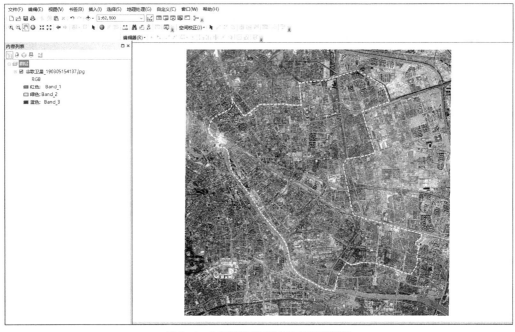

图6-4　金字塔处理后的河东区遥感影像

图 6-5　存量可改造用地信息矢量化

## 6.2.2　空间基准统一

### （1）设置数据坐标参数

在导入数据前，在 Arcmap 中将数据框属性的坐标系设置为国家 2000 大地坐标系。以天津市为例，天津市位于东经 116°~

118° 之间，应选择"投影坐标系 -Gauss Kruger–CGCS2000–CGCS2000 3 Degree GK CM 117E"。在 ArcGIS 软件中定义各类数据原始坐标，并通过"数据管理工具—投影和变换—要素—投影"将各类数据地理坐标转换为 GCS_China_Geodetic_Coordinate_System_2000。基于"数据管理工具—投影和变换—投影和变换—定义投影"工具将各类空间数据投影坐标定义为"Gauss Kruger–CGCS2000–CGCS2000 3 Degree GK CM 117E"，统一数据的地理坐标与投影坐标（图 6-6）。

图 6-6　统一数据地理与投影坐标

### （2）数据矫正与配准

各类数据获取来源不同，即便统一数据的空间坐标也会出现在同一研究区域内各类数据不能完全叠合的问题。例如，未知坐标参考系的百度POI设施数据与WGS_1984的遥感影像，将两者的坐标系定义为城市路网数据的地理坐标后，仍出现空间位置错位现象（图6-7）。

图6-7　定义数据地理坐标后的空间错位现象

手动矫正与配准是指在不知道数据空间参考系的前提下，强制定义其地理坐标，然后通过手动移动、变形等操作将其对齐到正确的空间位置。针对矢量数据与栅格数据，分别利用ArcGIS使用空间校正、地理配准来实现数据的有效集成。矢量数据空间校正：启动数据编辑，设置空间校正目标数据为百度POI设施数据；通过空间缩放定位，从百度POI设施点数据出发添加空间校正位移控制点，依次添加三对以上的位移控制点；查看空间矫正连接表，删除残差最大的位移控制点，运行空间校正；核对校正成果准确性，并重复校正步骤，直至数据完全叠合，保存编辑结果完成空间校正（图6-8）。栅格数据地理配准：打开"地理配准"工具，并将遥感影像设置为需要配准的栅格数据，勾选"自动校正"选项；参照矢量数据空间校正添加控制锚点的方法，添加至少三对以上的控制锚点，遥感影像数据会自动对齐城市路网数据；打开地理配准工具下拉菜单，点击"更新地理配准"，配准信息保存至栅格数据，完成栅格数据地理配准（图6-8），最终实现河东区多源数据集成（图6-9）。

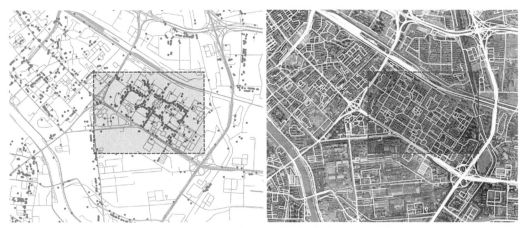

图 6-8　空间校正、地理配准结果

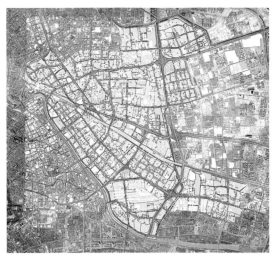

图 6-9　多源数据集成结果

## 6.2.3　集成结果分析

### （1）百度地图 POI 与规划院设施数据部分信息重复

基于配套设施集成结果（图 6-10），对设施类别与设施数量进行统计发现：

①规划院设施数据中公共管理与公共服务设施占比最高，而百度 POI 中社区服务设施占比最高，是对社区底层非独立占地配套设施数据的补充（图 6-11）。

②百度地图设施数据（POI）中的商业服务业设施数据如"餐饮设施"、"银行营业网点"等是对规划院设施数据的有效补充。公共管理与公共服务设施数据中，如"初中"、

● 规划院设施

● 百度地图POI

图 6-10　规划院现状设施数据与百度地图 POI 数据集成

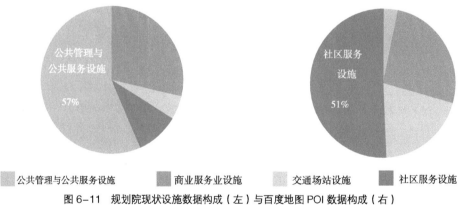

图 6-11　规划院现状设施数据构成（左）与百度地图 POI 数据构成（右）

"小学"等设施数量相当（图 6-12）。进一步对两种来源的公共管理与公共服务设施进行研究，以"小学"设施为例，百度 POI "小学"设施与规划院"小学"设施具有重复的点位（图 6-13）。

（2）建筑数据与遥感影像所反映的河东区地块现状建设信息不同

高分遥感影像与建筑数据均反映了河东区现状建设情况（图 6-14），但由于城市中心区地形图更新存在变化发现难[152]、修测成本高的现实困境，所以基于地形图所提取

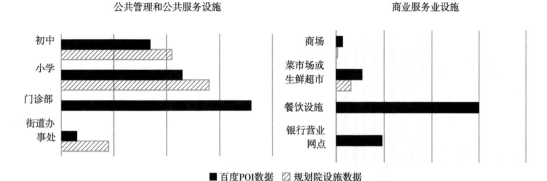

图 6-12　规划院与百度 POI 部分设施数量对比

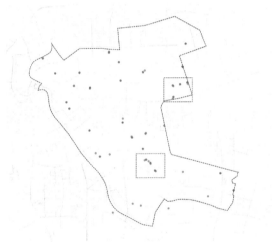

图 6-13　规划院与百度 POI"小学"设施具有重复点位

图 6-14　河东区遥感影像与建筑数据叠加

的建筑数据存在现势性不足的问题。以河东区实验小学（翰澜校区）地块为例，遥感影像反映该地块已建设完成，但建筑数据反映该地块处于空白待建状态（图 6-15）。

**（3）属性信息需要以空间数据为载体进行空间落位**

将居住人口数量与设施点客流量以 Excel 文件的格式导入 ArcGIS 软件，但由于缺少空间坐标信息，且缺少与相应用地的空间匹配关系导致其无法实现可视化呈现。

综上，本书认为多源数据匹配明晰哪些数据描述的是同一地物，并将属性数据结合空间要素进行空间落位。而多源数据融合协调同一类地物、不同来源数据间重复与差异内容间的关系，简化重复数据，互补差异数据，对同一地物实现统一的、准确的、有用的描述。

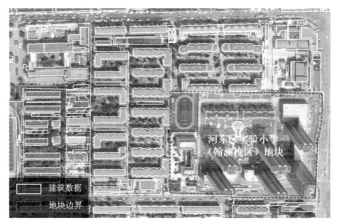

图 6-15　河东区遥感影像与建筑数据对地块的描述不同

## 6.3　多源数据匹配

### 6.3.1　基于几何特征的数据匹配

基于配套设施点状数据的几何特征实现同名空间实体匹配：以"小学"这一类设施数据为例，借助 ArcGIS 空间分析模块的距离分析工具，将规划院"小学"设施作为源数据进行欧氏距离计算，假设 a、b 两点坐标分别为 $(x_1, y_1)$、$(x_2, y_2)$，采用以下公式进行计算：

$$d(a,b) = \sqrt{(x_2-x_1)^2 + (y_2-y_1)^2}$$

欧氏距离输出栅格包含每个像元与最近源之间的测定距离，将输出的栅格计算结果与 POI"小学"设施进行叠加，结合百度坐标拾取系统判别两个来源下"小学"设施点的距离，小于一定阈值（本书认定为 100 米）时则认为两个数据描述的是同一地物，即被视为数据库的重复数据（图 6-16）。

○ 规划院小学设施
○ POI小学设施

图 6-16　两个数据集中"小学"设施重复内容识别结果

### 6.3.2　基于拓扑特征的数据匹配

现状建筑数据与遥感影像匹配的基础是高分辨率遥感影像的多尺度分割。遥感影像分割是指把影像划分为互不重叠的一组区域的过程，要求得到的每个区域的内部具有某种一致性或相似性，而任意两个相邻的区域则不具有此种相似性。传统遥感分割包含基于像元分割、基于边缘检测分割、基于区域分割、基于物理模型分割、结合特定数学理论和技术分割等多种计算方法[153]，分割结果与规划领域法定土地利用边界衔接关系较弱，因此本书提出以现状土地利用边界分割遥感影像的

图 6-17　以现状土地利用边界切割遥感影像

方式，形成 2280 个识别单元（图 6-17），同一单元内的建筑与遥感影像描述同一地块（图 6-18、图 6-19）。

图 6-18　遥感影像描述地块单元

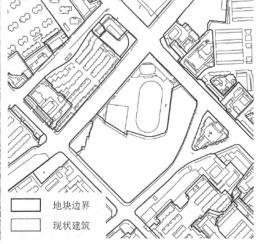

图 6-19　现状建筑描述地块单元

下一步是通过变化单元的检测来识别描述同一地块建筑与遥感影像信息不同的单元，即需要进行建筑数据更新的单元。高分遥感影像的成像原理会导致"噪声信息"，造成伪变化检测。如图 6-20 所示，与 2015 年遥感影像对比发现，2019 年遥感影像地物反光现象导致将原本没有发生变化的地块单元识别为变化（差异）单元。因此，本

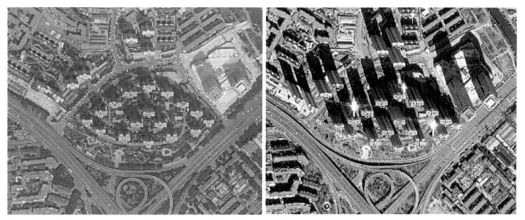

图6-20 2015年遥感影像（左）与2019年遥感影像（右）
（图片来源：中国科学院遥感与数字地球研究所）

书提出多时相遥感影像消除"噪声"的方法，即以现状建筑数据时间精度2015年为起点，以年为周期分别下载2015/2016/2017/2018/2019五个时相的遥感影像数据，多个时相的数据信息相互印证，如图6-21所示，2015~2018年该地块建筑信息未发生变化，因此判断在2019年遥感影像中反应的地块单元变化信息存在"噪声"，在差异识别中不将其作为变化单元。依据五个时相遥感影像信息，对河东区2280基本单元进行变化检测，共获取变化单元即建筑数据与遥感影像描述地块信息不同的单元46个（图6-22）。

图6-21 2015年遥感影像（左）、2018年遥感影像（中）与2019年遥感影像（右）
（图片来源：中国科学院遥感与数字地球研究所）

图 6-22　变化单元检测结果

### 6.3.3　基于属性特征的数据匹配

基于属性特征的匹配是将属性数据与空间实体进行连接的过程。如 6.2.1 小节所述，居住人口数量与设施点客流量进行数据格式转换后，由于缺少空间坐标信息，不能进行空间落位。本书基于居住人口数量、设施点客流量与各类用地的某一相同属性进行多源数据匹配。以居住人口数量为例，右键"居住用地"，选择"连接和关联 - 连接"，基于居住用地"FID"字段与居住人口数量"区域名称"相同的信息，将居住人口数量（JZRKSL）挂接至居住用地属性表，设施点客流量（SSDKLL）以相同方法挂接至相应的地块属性表。实现同一地物属性数据与空间要素匹配（图 6-23）。

## ▌ 6.4　多源数据融合

### 6.4.1　精细空间场景构建

#### （1）现状建筑数据与遥感影像融合，建筑空间布局更现势

由于在城市建设过程中存在多种变化方式，如建筑布局改变土地利用边界不变、建筑布局改变土地利用边界改变等。本书将城市建设变化类型划分为 2 大类、4 中类、6 小类，如表 6-8 所示：

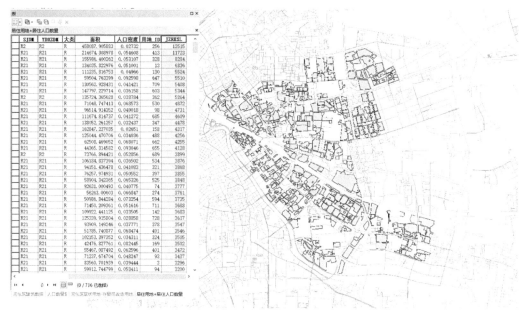

图 6-23　"居住人口数量"与居住用地匹配

城市建设变化类型　　　　　　　　　　　　　　　　　　表 6-8

| 变化类型（大类） | 变化类型（中类） | 变化类型（小类） | 示意图 | | 建筑数据更新方式 |
|---|---|---|---|---|---|
| | | | 前时相 | 后时相 | |
| 建筑布局改变土地利用边界不变 | 建筑布局改变土地利用边界不变 | 建筑布局改变土地利用边界不变 | | | 以现状土地利用边界为约束，矢量提取建筑图斑，填充替换 |
| 建筑布局改变土地利用边界改变 | 建筑布局改变土地利用边界进一步细分 | 用地界线划分 | | | 以现状土地利用边界为约束，矢量提取建筑图斑，填充替换 |
| | | 城市道路划分 | | | 以现状土地利用边界为约束，矢量提取建筑图斑，填充替换 |
| | 建筑布局改变土地利用边界合并 | 不跨越道路合并 | | | 以合并后的地块边界为约束，矢量提取建筑图斑，填充替换 |

续表

| 变化类型<br>（大类） | 变化类型<br>（中类） | 变化类型<br>（小类） | 示意图 | | 建筑数据<br>更新方式 |
| --- | --- | --- | --- | --- | --- |
| | | | 前时相 | 后时相 | |
| 建筑布局改变<br>土地利用<br>边界改变 | 建筑布局改变<br>土地利用边界合并 | 跨越道路合并 | | | 以合并后的地块边界为约束，矢量提取建筑图斑，填充替换 |
| | 建筑布局改变<br>土地利用边界调整 | 建筑布局改变<br>土地利用边界调整 | | | 以调整后的地块边界为约束，矢量提取建筑图斑，填充替换 |

（信息来源：作者整理）

基于高分辨率遥感影像矢量提取建筑图斑的方法如下：根据建筑物具有的光谱特征与形状特征，剔除植被、水体等特征差异明显的地物；根据建筑物典型形状构造建筑模板，对变化单元影像进行卷积计算，提取建筑区域；对建筑区域进行边缘检测与细化，实现变化单元内建筑物轮廓的矢量提取[138][154]。

对于不同的单元变化类型，其矢量提取建筑图斑的方法相同，只不过矢量提取的边界不同。根据数据匹配结果，河东区涉及两种变化类型：

一是建筑布局改变土地利用边界不变（图 6-24），共计 38 个地块单元。针对此变化类型，建筑数据更新采取以现状土地利用边界为约束，矢量提取建筑图斑并填充替换原有建筑图斑的方式（图 6-25）。

图 6-24　建筑布局改变土地利用边界不变

图 6-25　以现状土地利用边界为约束，矢量提取建筑图斑

　　二是建筑布局改变，土地利用边界合并（不跨越道路）（图 6-26），共计 8 个地块单元。针对此变化类型，建筑数据更新采取以合并后的地块边界为约束，矢量提取建筑图斑，填充替换原有建筑图斑的方式（图 6-27）。

　　至此完成城市中心区建筑数据更新（图 6-28），并以一定周期动态循环操作，维持建筑数据的现势性与准确性（图 6-29）。

### （2）多源配套设施数据融合，设施空间布局更完备

　　根据以规划院"小学"作为源数据计算欧氏距离的栅格输出结果（图 6-16），结合百度坐标拾取系统共发现 POI "小学"设施数据与规划院设施数据重复点 13 处。基于ArcGIS 的数据编辑功能，删除百度 POI 中与规划院重复的"小学"设施数据（图 6-30）。

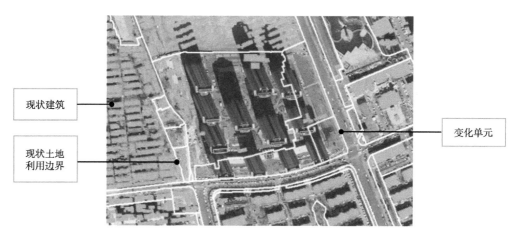

图 6-26　建筑布局改变，土地利用边界合并

图 6-27　以合并后的地块边界为约束，矢量提取建筑图斑

图 6-28　更新后建筑数据

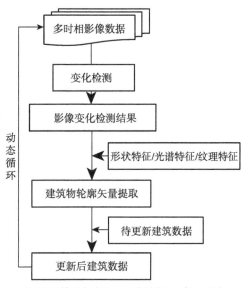

图 6-29　基于高分卫星遥感影像矢量提取的建筑
数据动态更新方法
（图片来源：作者根据参考文献 [138][154] 绘制）

由于 POI 设施数据的属性描述比规划院设施数据的属性描述更加丰富，如某一小学设施点，POI 设施的描述为"河东区实验小学"，规划院设施的描述为"小学"，相对宽泛且不反映小学质量。因此，在删除重复 POI 数据的同时，将其属性信息整合至相应的规划院设施数据中。采取同样的方法实现各类配套设施中重复数据几何特征与属性特征的融合，进而优化配套设施空间布局的完备性与准确性（图 6-31、附录 B）。

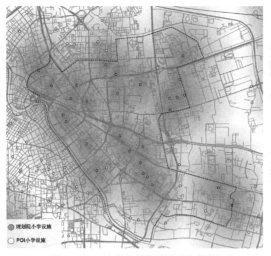

图 6-30 "小学"设施删除重复数据

图 6-31 多源配套设施数据融合

建筑数据与遥感影像融合，使建筑空间布局更现势，多源配套设施数据融合，使设施空间布局更完备，进而构建集成土地利用、现势建筑、道路、完备配套设施的河东区精细空间场景（图 6-32）。

## 6.4.2 精确属性信息完善

### （1）土地利用属性信息

①存量可改造信息完善

基于 ArcGIS 软件"Analysis Tool—叠加分析—空间连接"功能，以"河东区土地利用"为目标图层，与存量可改造用地

图 6-32 基于多源数据融合的精细空间场景

进行空间连接，"河东区土地利用"属性表中增加"CLKGZ"字段，完善对河东区现状土地利用可利用情况的属性描述。

②居住人口数量精细化

精细尺度的人口分布是当前人口地理学研究的热点和难点，在资源配置、智慧城市建设等方面应用广泛[155][156]。人口数据空间化是获取人口空间分布数据的有效途径，是对土地利用属性数据的精细化处理与完善。河东区居住用地总面积 16.3 平方公里

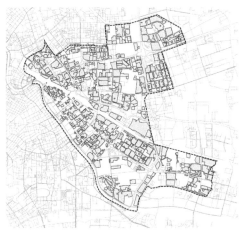

图 6-33 河东区居住用地分布

图 6-34 河东区居住人口分级显示

（图 6-33），"居住人口数量"分级显示结果如图 6-34 所示。假设人均居住用地面积相同 [157~159]，则居住人口数量空间化的具体步骤如下：

A. 结合居住用地尺度（100~300 米），利用 ArcGIS 软件 Fishnet 工具在研究范围内生成 30 米 × 30 米的标准格网，并生成格网面（图 6-35）。

B. 在居住用地属性表中添加"居住人口密度"字段，运用 Field Calculator 工具，指示因子为"面积"与"居住人口数量"两个居住地块属性信息，为"居住人口密度"字段赋值（图 6-36）。

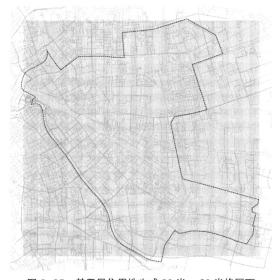

图 6-35 基于居住用地生成 30 米 × 30 米格网面

表

居住用地+居住人口数量

| SJDM | YDXZDM | 大类 | 面积 | 人口密度 | 用地_ID | JZRKSL |
|---|---|---|---|---|---|---|
| R2 | R2 | R | 459087.905883 | 0.02732 | 256 | 12615 |
| R21 | R21 | R | 214674.308978 | 0.054608 | 411 | 11723 |
| R21 | R21 | R | 155980.400262 | 0.053107 | 328 | 8284 |
| R21 | R21 | R | 134035.822976 | 0.051061 | 13 | 6836 |
| R21 | R21 | R | 11235.816753 | 0.04966 | 130 | 5524 |
| R21 | R21 | R | 59504.763399 | 0.092598 | 647 | 5510 |
| R21 | R21 | R | 130562.928431 | 0.041421 | 709 | 5408 |
| R21 | R21 | R | 147797.229714 | 0.036158 | 603 | 5344 |
| R2 | R2 | R | 135724.365428 | 0.038784 | 362 | 5264 |
| R21 | R21 | R | 71048.747413 | 0.068573 | 530 | 4872 |
| R21 | R21 | R | 96514.914352 | 0.049018 | 98 | 4731 |
| R21 | R21 | R | 111674.814737 | 0.041272 | 685 | 4609 |
| R21 | R21 | R | 138062.261357 | 0.032437 | 347 | 4478 |
| R21 | R21 | R | 162847.237035 | 0.02651 | 158 | 4317 |
| R21 | R21 | R | 125044.470706 | 0.034036 | 488 | 4256 |
| R21 | R21 | R | 62508.469052 | 0.068071 | 662 | 4255 |
| R21 | R21 | R | 44365.314582 | 0.093046 | 655 | 4128 |
| R2 | R2 | R | 73766.894421 | 0.052856 | 689 | 3899 |
| R21 | R21 | R | 106124.837394 | 0.036502 | 534 | 3876 |
| R21 | R21 | R | 94151.436478 | 0.041003 | 221 | 3868 |
| R21 | R21 | R | 76257.974931 | 0.050562 | 397 | 3855 |
| R21 | R21 | R | 58904.342365 | 0.065326 | 525 | 3848 |
| R21 | R21 | R | 92631.000493 | 0.040775 | 74 | 3777 |
| R21 | R21 | R | 56263.00603 | 0.066847 | 274 | 3761 |
| R21 | R21 | R | 50986.844284 | 0.073254 | 549 | 3735 |
| R21 | R21 | R | 71450.209261 | 0.051616 | 711 | 3688 |
| R21 | R21 | R | 109922.441125 | 0.033505 | 142 | 3683 |
| R21 | R21 | R | 125339.915804 | 0.028858 | 728 | 3617 |
| R21 | R21 | R | 93909.149246 | 0.037771 | 378 | 3547 |
| R21 | R21 | R | 51785.740877 | 0.068474 | 491 | 3546 |
| R21 | R21 | R | 102153.397352 | 0.034311 | 324 | 3505 |
| R21 | R21 | R | 42476.827761 | 0.082445 | 169 | 3502 |
| R21 | R21 | R | 55467.087492 | 0.062596 | 401 | 3472 |
| R21 | R21 | R | 71237.674704 | 0.049247 | 93 | 3433 |
| R21 | R21 | R | 83560.701939 | 0.039444 | 3 | 3296 |
| R21 | R21 | R | 59912.744799 | 0.053411 | 94 | 3200 |

河东区社区结构数据 | 人口数据5 | 河东区现状用地-存管可实施用地 | 居住用地+居住人口数量

图 6-36 计算"居住人口密度"

C.利用"分析工具—叠加分析—联合"工具,对格网面与居住地块进行 Union 操作,保留居住地块的 ID、"居住人口数量"、"居住人口密度"字段以及格网面的 ID 字段。

D.基于菜单栏"选择—按位置选择"工具,以居住地块作为源图层,选取位于居住地块内部的格网面,并进行反向选择,删除居住地块范围外的格网面。计算每个格网的面积,存储在"格网面积"字段中。

E.在"居住地块—格网 union"图层的属性表中添加"人口数量"字段,运用 Field Calculator 工具,指示因子为"居住人口密度"与"格网面积"两个字段信息,为"人口数量"字段赋值。

该过程使用如下公式计算每个格网中的居住人口数量:

$$P_{jk}=S_{jk}*\frac{P_j}{S_j} \qquad (6-1)$$

公式中:$P_j$ 为上述第 j 个居住地块的居住人口数量,$S_j$ 为第 j 个居住地块的面积,$S_{jk}$ 为该地块被切割后在第 k 个格网的面积,$p_{jk}$ 为第 j 个居住地块第 k 个格网容纳的人口数量。统计每个格网容纳的人口数量,至此实现居住人口空间化处理。通过 ArcGIS 软件分级显示的居住人口数量可更直观地反映居住用地内居住人口的精细化分布情况(图 6-37)。

**(2)配套设施属性信息**

由于百度地图 POI 数据、规划院设施数据均为点要素的 shp 文件,不具备用地与建筑规模信息。本书在研究中提取 A 类土地利用(精确至中类)、A 类土地利用内的公共建筑(图 6-38),土地利用属性表中包含"用地面积"字段,公共建筑属性表中的"建

| JZRKSL | 每个格网居住人口数量(人) |
|---|---|
| 5264 | 35 |
| 5264 | 35 |
| 5264 | 35 |
| 5264 | 35 |
| 5264 | 35 |
| 5264 | 35 |
| 5264 | 35 |
| 5264 | 35 |
| 5264 | 35 |
| 5264 | 35 |
| 5264 | 35 |
| 5264 | 35 |
| 5264 | 35 |
| 5264 | 35 |

图 6-37　河东区居住人口空间化结果

筑面积"基于"字段计算器"运用"建筑面积 =[ 建筑基地面积 ]×[ 建筑层数 ]"计算字段数值。提取 A 类土地利用内配套设施点位（图 6-39），并基于 ArcGIS 软件"Analysis Tool—叠加分析—空间连接"功能，将配套设施、公共建筑与对应的 A 类用地连接至一个属性表中，每一类设施所对应的用地规模与建筑规模成功连接（图 6-40）。此类方法

图 6-38　A 类土地利用及内部公共建筑数据提取

图 6-39　A 类土地利用及内部配套设施提取

| POI 设施名 | 地址 | SSHC | SSLB | YDXZ | YDGM | JZGM | baidu_x | baidu_y | FID |
|---|---|---|---|---|---|---|---|---|---|
| | | 小学 | | A33 | 8545.790399 | 11109.527518 | 117.286252 | 39.141513 | |
| 中国体育彩票 | 建东道附近 | 社区商业网点（超市、药店、洗 | A32 | | 4848.924357 | 6303.601664 | 117.308994 | 39.101284 | |
| 诚信装饰（富山道） | 富山道 | 社区商业网点（超市、药店、洗 | A1 | | 836.583833 | 1087.558983 | 117.286105 | 39.141115 | |
| 小黑帽烧烤 | 万新村天山西路 | 餐饮设施 | A1 | | 2461.098489 | 3199.428036 | 117.281917 | 39.141775 | |
| 红房子专业美容美发 | 2号桥电传路 | 社区商业网点（超市、药店、洗 | A33 | | 3677.768554 | 4781.099121 | 117.300879 | 39.09915 | |
| 蓥峰通信公 | 八纬北路1号 | 电信营业网点 | A9 | | 720.60026 | 936.780338 | 117.250214 | 39.114087 | |
| 华润万家便利超市（向 | 向阳3号路21号 | 菜市场或生鲜超市 | A1 | | 3126.103049 | 4063.933964 | 117.251505 | 39.140277 | |
| 聚福棋牌室 | 大直沽八号路8号 | 社区商业网点（超市、药店、洗 | A35 | | 8702.649927 | 11313.444905 | 117.249205 | 39.116446 | |
| 永新电器服务部 | 大桥道和进里34号 | 社区商业网点（超市、药店、洗 | A1 | | 6311.837104 | 8205.388236 | 117.226105 | 39.115172 | |
| 二妹麻辣烫冷饮 | 中心东道6号 | 餐饮设施 | A51 | | 1685.533055 | 2191.192972 | 117.27172 | 39.111192 | |
| | | 初中 | | A33 | 26774.506873 | 34806.858935 | 117.290339 | 39.154645 | |
| 向阳照印 | 卫国道 | 社区商业网点（超市、药店、洗 | A33 | | 16065.746199 | 20885.470059 | 117.269132 | 39.149189 | |
| 君利烟酒商贸 | 七纬路135号附近 | 社区商业网点（超市、药店、洗 | A1 | | 9038.2754 | 11749.75802 | 117.235076 | 39.125828 | |
| | | 卫生服务中心（社区医院） | 公共管理和公 | A1 | 1762.591905 | 2291.369477 | 117.283424 | 39.148448 | |
| | | 小学 | 公共管理和公 | A1 | 45898.251942 | 59667.727524 | 117.268881 | 39.122517 | |
| | | 养老院 | 公共管理和公 | A6 | 5837.905761 | 7589.27749 | 117.261659 | 39.161721 | |
| | | 小学 | 公共管理和公 | A1 | 18710.806021 | 24324.152066 | 117.300879 | 39.132214 | |
| | | 初中 | 公共管理和公 | A33 | 25789.298663 | 33526.088262 | 117.239779 | 39.120954 | |
| | | 初中 | 公共管理和公 | A33 | 33335.30207 | 43335.892069 | 117.245969 | 39.098417 | |
| 笑荣家厅 | 真理道与六号路交口 | 餐饮设施 | A41 | | 1980.242516 | 2574.315271 | 117.238449 | 39.154271 | |
| | | 卫生服务中心（社区医院） | A51 | | 1387.620452 | 1803.90638 | 117.232384 | 39.128198 | |
| | | 初中 | 公共管理和公 | A33 | 20932.434849 | 27212.165304 | 117.23135 | 39.139271 | |
| 福瑞康药店 | 新开路373号 | 社区商业网点（超市、药店、洗 | A1 | | 5655.612122 | 5655.612122 | 117.284126 | 39.141356 | |
| | | 初中 | 公共管理和公 | A33 | 12369.240923 | 16080.0132 | 117.281356 | 39.136214 | |
| 缘馨足疗 | 大桥道1-4号附近 | 社区商业网点（超市、药店、洗 | A1 | | 3759.853785 | 4887.80992 | 117.255396 | 39.113919 | |
| 公厕 | 秀圆路2附近 | 公共厕所 | 社区服务设施 | A32 | 32675.097907 | 42477.627279 | 117.289099 | 39.157974 | |
| | | 幼儿园 | 社区服务设施 | A31 | 268101.540602 | 348532.002783 | 117.245969 | 39.140512 | |
| 永新电器服务部 | 大桥道和进里34号 | 社区商业网点（超市、药店、洗 | 社区服务设施 | A1 | 8468.483614 | 11009.028698 | 117.259204 | 39.115172 | |
| 便民药房 | 七经路55号附近 | 社区商业网点（超市、药店、洗 | 社区服务设施 | A32 | 2476.889462 | 3219.956301 | 117.227401 | 39.134819 | |
| | | 街道办事处 | 公共管理和公 | A1 | 2288.97857 | 2975.672142 | 117.267482 | 39.13396 | |
| | | 小学 | 公共管理和公 | A9 | 15377.36619 | 19990.576215 | 117.266453 | 39.117711 | |
| | | 初中 | 公共管理和公 | A33 | 6217.900569 | 8083.270739 | 117.245969 | 39.145929 | |
| 晨之美摄影工作室 | 六纬路1号院 | 社区商业网点（超市、药店、洗 | A32 | | 6590.264715 | 8567.344129 | 117.254592 | 39.116353 | |
| 东宜大药房 | 津塘路83号 | 社区商业网点（超市、药店、洗 | A35 | | 4767.250466 | 6197.412736 | 117.247302 | 39.155738 | |
| 聚泰餐馆 | 江都路 | 社区商业网点（超市、药店、洗 | A1 | | 2641.40567 | 3433.827371 | 117.237467 | 39.127188 | |
| 易买得烟酒超市 | 十三经路2号增2号 | | | | | | | | |

图 6-40　配套设施用地规模、建筑规模属性信息完善

只能用于获取独立占地配套设施的用地与建筑规模信息，非独立占地或联合建设配套设施的用地规模与建筑规模信息应结合现场调查进一步完善。

最终，通过现状建筑数据与遥感影像融合、多源配套设施数据融合、土地利用属性完善、配套设施属性完善实现多源数据融合，精细构建河东区空间场景，精确完善各类要素属性信息（图6-41）。

图 6-41  多源数据融合

## 6.5  数据按类入库

多源数据融合实现了各类要素空间与属性数据的整合与完善。为了应对社区生活圈数据库使用需求，更便于进行空间分析与优化，需将各类要素的数据按照数据门类进行数据库后端输入。

数据门类划分为服务需求、服务路径与服务供给三大类（图6-42）：服务需求是指产生需求的空间位置与需求量，包含居住用地（含居住地块出入口）、住宅建筑基底面积与建筑层数、居住人口数量等；服务路径是指居民获取服务时所需要的城市路网，主

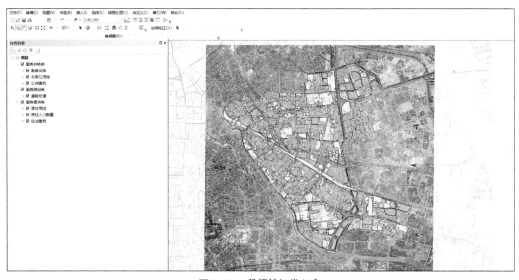

图 6-42  数据按门类入库

要指快速路、城市主干道、城市次干道、城市支路等以一定密度组成的城市道路网络，其中城市主干道、城市次干道、城市支路是居民的主要步行路径，用于精确计算道路走向与拓扑关系对居民步行范围的影响；从居民的服务、休闲、就业、交通等需求的角度出发，服务供给包含各类非居住用地的空间位置与用地规模、配套设施的空间位置、规模与设施点客流量等信息（表6-9）。

河东区多源数据分类                                         表6-9

| 数据门类 | 数据类 | 备注 | 数据子类 | 精度描述 | | 格式描述 |
|---|---|---|---|---|---|---|
| | | | | 时间精度 | 空间精度 | |
| 服务需求 | 居住用地 | 现状 | 空间布局 | 2017 年 | 1：2000 | 矢量空间数据 |
| | | | 居住人口数量 | 2019 年 | 30 米×30 米网格精度 | 属性数据 |
| | | | 用地规模 | 2017 年 | — | 属性数据 |
| | | | 存量可改造情况 | 2015 年 | — | 属性数据 |
| | 建筑 | 现状 | 空间布局 | 2019 年 | 1：2000 | 矢量空间数据 |
| | | | 住宅建筑层数建筑基底面积 | 2019 年 | — | 属性数据 |
| 服务路径 | 道路 | 现状 | 空间布局 | 2017 年 | 1：2000 | 矢量空间数据 |
| | | | 道路等级 | 2017 年 | 1：2000 | 属性数据 |
| 服务供给 | 非居住用地 | 现状 | 空间布局 | 2017 年 | 1：2000 | 矢量空间数据 |
| | | | 设施点客流量 | 2019 年 | 30 米×30 米网格精度 | 属性数据 |
| | | | 存量可改造情况 | 2015 年 | — | 属性数据 |
| | | 现状规划 | 空间布局 | 2017 年 | 1：2000 | 矢量空间数据 |
| | | | 用地规模 | 2017 年 | — | 属性数据 |
| | 建筑 | 现状 | 空间布局 | 2019 年 | 1：2000 | 矢量空间数据 |
| | | | 公服建筑层数建筑基底面积 | 2019 年 | | 属性数据 |
| | 配套设施 | 现状 | 空间位置 | 2018 年 | — | 矢量空间数据 |
| | | | 用地与建筑规模 | 2018 年 | — | 属性数据 |

# 第7章
# 天津市河东区社区生活圈配套设施布局优化

基于上一章中构建的天津市河东区"15分钟社区生活圈"的研究场景,本章从空间单元划分、配套设施布局评估和选址优化三个方面,开展"15分钟社区生活圈"配套设施布局优化的实例研究。

## ▌ 7.1 基本空间单元

根据第4章关于社区生活圈空间单元的划分方法,统筹河东区的街道行政边界、控规单元边界、快速交通设施、自然河流等要素,将河东区划分为22个15分钟社区生活圈空间单元(图7-1),每个单元的用地规模约为1~3平方公里,人口规模约5~10万,均符合2018版《标准》关于15分钟社区生活圈居住区的定义。

本书将河东区"15分钟社区生活圈"空间单元的划分结果与河东区12个街道、26个控规单元的空间范围相结合,建立河东区"街道分区—15分钟社区生活圈—控规单元"的三级单元衔接关系,以便于推动河东区"15分钟社区生活圈"的规划、建设和管理工作(表7-1)。

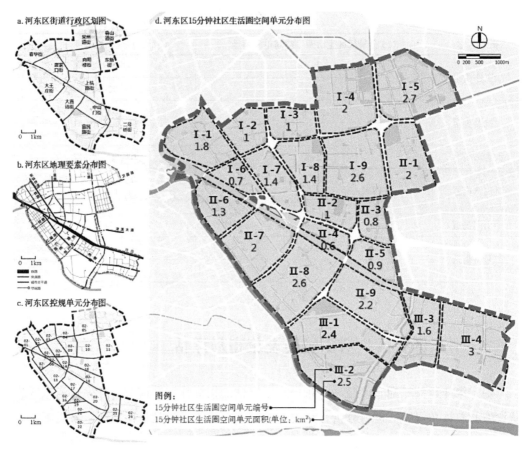

图 7-1　河东区 "15 分钟社区生活圈" 空间单元分布图

河东区 "街道分区—15 分钟社区生活圈—控规单元" 的衔接关系　　表 7-1

| 街道名称 | "15 分钟社区生活圈" 空间单元编号 | 控规单元编号 |
|---|---|---|
| 春华街道 | I-1 | 02-01、02-02 |
| | I-2 | 02-03 |
| 常州道街道 | I-3 | 02-04 |
| | I-4 | 02-05 |
| 鲁山道街道 | I-5 | — |
| 唐家口街道 | I-6 | 02-06、02-07 |
| | I-7 | 02-08、02-14 |
| 向阳楼街道 | I-8 | 02-09 |
| | I-9 | 02-10 |
| 东新街道 | II-1 | 02-11 |

| 街道名称 | "15分钟社区生活圈"空间单元编号 | 控规单元编号 |
|---|---|---|
| 大王庄街道 | II-6 | 02-12 |
| | II-7 | 02-13 |
| 上杭路街道 | II-2、II-3 | 02-15 |
| | II-4、II-5 | 02-18 |
| 大直沽街道 | II-8 | 02-16、02-17 |
| 富民路街道 | III-1 | 02-19、02-21 |
| | III-2 | 02-22 |
| 中山门街道 | II-9 | 02-20 |
| 二号桥街道 | III-3 | 02-23 |
| | III-4 | 02-24 |

## 7.2 河东区社区生活圈配套设施布局评估

基于第4章关于配套设施现状布局水平评估的指标体系和模型，首先对河东区现状设施的总体布局特征进行分析，其次开展河东区"15分钟社区生活圈"各类配套设施步行可达性和设施覆盖率的量化分析。将评估结果与河东区"街道—15分钟社区生活圈—住宅小区"的三级单元，以及"设施类型覆盖达标率"、"住宅小区配套合格率"等两项布局水平评估指标相结合，从"单项设施覆盖水平"和"整体布局合格水平"两个方面进行评估数据的统计和整理，并开展设施布局空间分异特征的分析，完成对河东区"15分钟社区生活圈"配套设施现状布局水平的评估。

### 7.2.1 现状设施集聚特征

"15分钟社区生活圈"强调居民能在15分钟步行距离范围内，获取日常生活所需的各类配套设施服务。因此，配套设施在空间上的分布情况，很大程度上决定了居民出行获取配套设施服务的便利程度。在一定的步行距离范围内，配套设施越集中，居民可达的设施数量越多，代表着获取相应设施服务的便利度越高。因此，需要对河东区配套设施现状布局的集聚特征进行分析。

首先，基于天津市河东区"15分钟社区生活圈"的空间场景，从"服务供给点"、

"服务路径"、"服务需求点"三个层面分别选取住宅小区数据、道路网数据以及配套设施 POI 数据作为配套设施集聚特征分析的基础数据：①考虑到河东区研究范围边界附近的居民可能跨过边界到周边区域获取配套设施服务，因此将河东区研究范围以外1000 米范围内的道路、POI 设施等纳入分析的基础数据；②计算河东区各住宅小区空间范围的几何中心点，作为"服务需求点"，共计 736 个；③依据 2018 版《标准》关于"15 分钟社区生活圈"配套设施的"应配建项目"类别，将 POI 设施数据划分为初中、大型多功能运动场地、社区服务中心（街道级）等 15 类设施，共计 6922 个；④对河东区道路网数据中的铁路、快速路、立交桥等无法步行使用的快速交通设施进行删除，并补充人行横道、地下通道、公园小径、天桥、过河桥等步行路径，构建步行路径的拓扑网络。

其次，运用 GIS 网络分析工具分别从设施布局聚集程度和居民可达设施数量两个方面，开展河东区配套设施现状布局集聚特征的分析。

**（1）设施布局聚集程度**

运用 GIS 网络分析工具，将各配套设施点设置为起点，基于河东区步行路径的拓扑网络，计算各配套设施点周边 1000 米范围内的其他设施点数量。若该配套设施点周边的设施点数量较多，则表示该配套设施点附近的设施布局聚集程度较高。

如图 7-2 所示，天津市河东区及其周边区域的配套设施主要在南京路商业街区周边形成了较高的聚集度，呈现明显的"单极化"结构。在河东区范围内，中山门街道、东新街道和大王庄街道的配套设施聚集程度相对较高，在街道内部形成了明显的设施集聚区。以泰兴路—泰兴南路—成林道—东兴路为界，以西范围内各街道设施分布较多的区域，也形成了一定的设施集聚区；而以东范围相较于西侧区域，不仅配套设施数量偏少，聚集程度也相对较差，仅有东新街道和中山门街道的配套设施聚集程度较高，设施布局不均衡，两极化现象较为严重。

**（2）居民可达设施数量**

配套设施现状布局的聚集程度，能较好地反映设施在空间布局上的合理性。而居民可达设施数量则依据居民步行出行的实际情况，反映配套设施现状布局的集聚特征。研究运用 GIS 网络分析工具，将各住宅小区中心点设置为起点，将各设施点设为终点，基于步行路径的拓扑网络，计算居民从各住宅小区出发，步行 1000 米所能到达的配套设施点的数量。若该住宅小区步行可达的设施数量较高，则表示该住宅小区周边的设施布局较为聚集，居民获取设施服务更为便利。

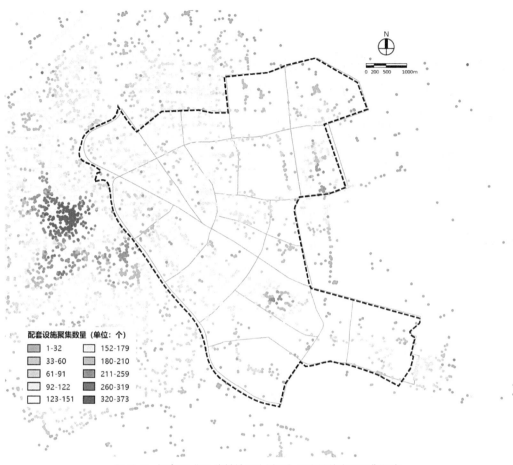

图7-2 河东区"15分钟社区生活圈"配套设施布局聚集程度

如图7-3所示，天津市河东区各住宅小区的居民可达设施数量情况，在住宅小区15分钟步行距离范围内，居民可达的设施数量最多可达222个，最少仅有4个，存在较大差异。同时，其在空间分布方面，与设施布局聚集程度的情况基本一致：居民可达设施数量最多的街道分别为中山门街道和东新街道，在街道内部形成了明显的设施聚集区。而以泰兴路—泰兴南路—成林道—东兴路为界，西侧区域中各住宅小区可达的设施数量水平也相对较好，各街道内部均有局部的设施聚集区，居民获取设施服务的便利度相对较高。而东侧区域中各街道的居民步行可达设施数量，受军事用地、铁路、快速路等要素的限制和阻隔，普遍呈现出各街道内部空间相对隔绝、各小区可达设施数量较少的特征，对居民获取设施服务产生了一定影响。

图7-3 河东区15分钟社区生活圈居民可达设施数量

### 7.2.2 单项设施覆盖水平

在GIS网络分析工具的支持下,基于河东区"15分钟社区生活圈"基础研究场景的"服务路径"数据,以服务需求点(居民住宅小区)为"请求点",以现状服务供给点(各类配套设施点)为"设施点",设置居民步行速度为1.2米/秒、时间阻抗为15分钟;分别对河东区"15分钟社区生活圈"的15类配套设施的服务范围和设施分配情况进行运算,得到各类单项配套设施的覆盖达标率;将运算结果按照"三级单元统计分析法"进行归类和统计,得到各街道、各社区生活圈的配套设施配建情况。

### (1)各类单项配套设施的覆盖水平

本书选取居民日常生活中使用频率较高的3类配套设施,作为河东区各类配套设施覆盖水平的说明示例，其他 12 类配套设施的评估方法类同，不再赘述。

①初中

河东区 12 个街道中有 6 个街道的初中覆盖达标率达到 85% 以上，分别为二号桥、中山门、大直沽、东新、唐家口和春华街道。其中，东新街道的初中覆盖情况最好，覆盖达标率为 100%，向阳楼街道的初中覆盖情况较差，覆盖达标率仅为 41%（图 7–4、图 7–5）。而向阳楼街道包含 I–8 和 I–9 两个社区生活圈空间单元，其初中覆盖达标率分别为 72% 和 23%，后者存在较大的提升空间（表 7–2）。

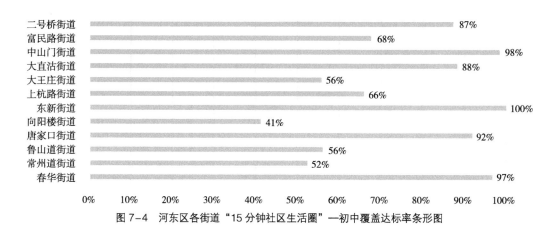

图 7–4　河东区各街道"15 分钟社区生活圈"—初中覆盖达标率条形图

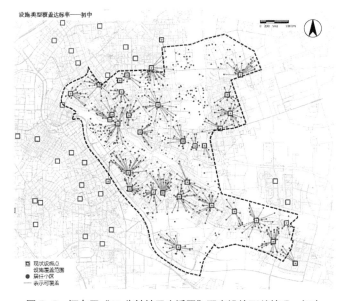

图 7–5　河东区"15 分钟社区生活圈"配套设施覆盖情况—初中

②门诊部

河东区门诊部的覆盖达标率情况较好，12个街道中仅有上杭路街道和向阳楼街道的覆盖达标率未达90%，其中大直沽、大王庄、东新、唐家口和春华街道的门诊部覆盖达标率均为100%。上杭路街道的情况较差，门诊部覆盖达标率为78%（图7-6）。而上杭路街道包含II-2、II-3、II-4和II-5四个社区生活圈空间单元，其门诊部覆盖达标率分别为79%、73%、60%和100%，编号II-4的社区生活圈空间单元覆盖情况较差（表7-3、图7-7）。

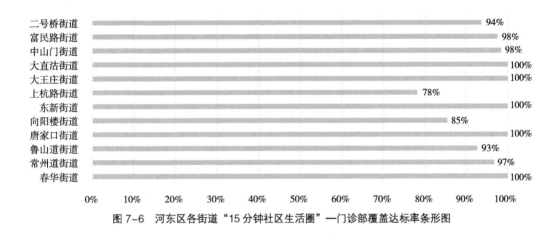

图7-6　河东区各街道"15分钟社区生活圈"—门诊部覆盖达标率条形图

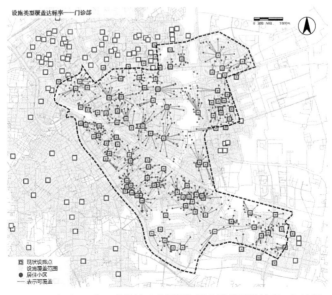

图7-7　河东区"15分钟社区生活圈"配套设施覆盖情况—门诊部

③养老院

河东区 12 个街道中有 5 个街道的养老院覆盖达标率达到 80%，分别为二号桥、富民路、中山门、东新和春华街道。其中，东新街道的养老院覆盖情况最好，覆盖达标率为 100%，鲁山道街道的养老院覆盖情况较差，覆盖达标率仅为 20%（图 7-8、图 7-9）。鲁山道街道仅包含编号 I-5 社区生活圈空间单元，其养老院配套设施缺失问题较为严重。

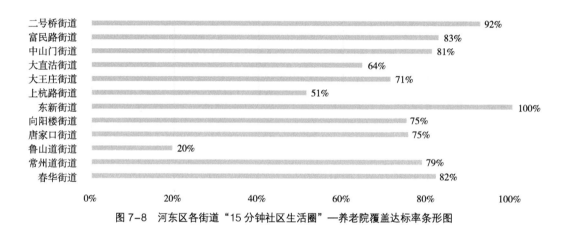

图 7-8　河东区各街道"15 分钟社区生活圈"—养老院覆盖达标率条形图

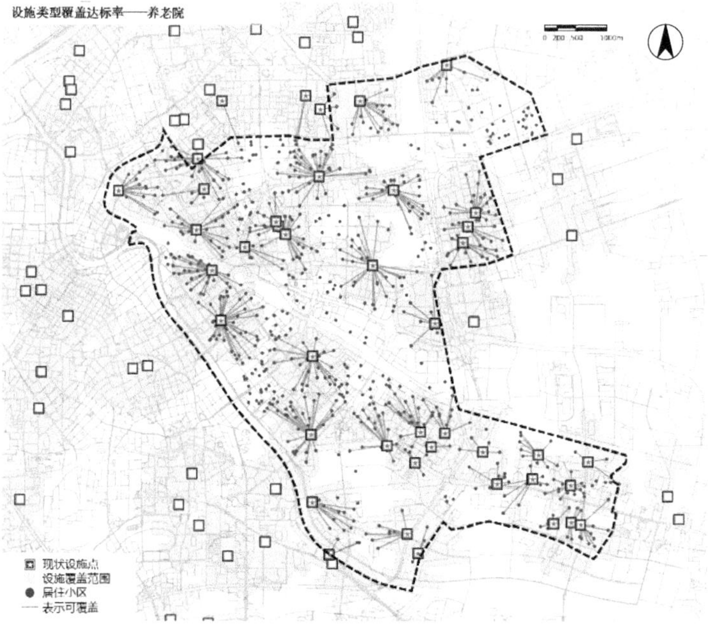

图 7-9　河东区"15 分钟社区生活圈"配套设施覆盖情况—养老院

**（2）各级空间单元的设施配建情况**

基于河东区"15分钟社区生活圈"各类单项配套设施的覆盖水平评估数据,将其分别以河东区、各街道和各社区生活圈为空间对象,进行配套设施覆盖水平评估数据的归类和统计,得到河东区、各街道、各社区生活圈的配套设施覆盖水平。

①河东区"15分钟社区生活圈"配套设施覆盖水平

河东区15类配套设施中共有5类设施的覆盖达标率达到90%以上,配建情况较好,分别为餐饮设施、公交车站、银行营业网点、门诊部、电信营业网点。另外有8类设施的覆盖达标率达到60%以上,仅有司法所和街道办事处的覆盖达标率低于60%,都仅有48%(图7-10)。因而,河东区"15分钟社区生活圈"配套设施的整体覆盖水平较高,仅有司法所和街道办事处等两项配套设施的覆盖率较低,需要优化空间配置。

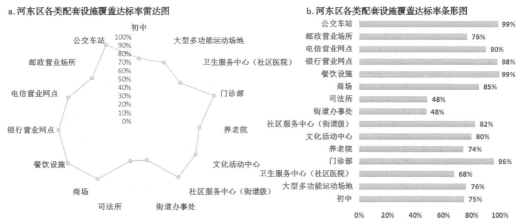

图7-10　河东区"15分钟社区生活圈"各类设施类型覆盖达标率雷达图和条形图

②各街道"15分钟社区生活圈"配套设施覆盖水平

就河东区各街道的"15分钟社区生活圈"配套设施覆盖水平而言,东新街道覆盖达标率最好,15类配套设施中仅有司法所和街道办事处两项设施的覆盖达标率低于60%,其余配套设施的覆盖达标率均在80%以上,更有10类设施的覆盖达标率为100%,整体覆盖水平较高(图7-11);其次,中山门街道和大直沽街道作为河东区最早的居民聚集区,其"15分钟社区生活圈"配套设施覆盖水平也相对较高。中山门街道共有11类配套设施的覆盖达标率在90%以上,大直沽街道共有9类配套设施的覆盖达标率在90%以上;向阳楼街道受内部大规模军事用地的影响,整体覆盖水平相对较差,向阳楼街道仅有门诊部、餐饮设施、银行营业网点、电信营业网点和公交车站5项设施的覆盖达标率在80%以上，另有5项设施均低于60%，初中的覆盖达标率仅有41%。

## （3）单项设施覆盖水平统计表

综合以上，河东区"15分钟社区生活圈"各类单项配套设施的覆盖水平，将量化分析的数据结果进行统计和整理，构建面向各级行政管理单元的"河东区15分钟社区生活圈单项设施覆盖水平统计表"（表7-2），支持城市行政管理单元更好地把握河东区"15分钟社区生活圈"配套设施的布局水平，推动各项配套设施的具体管理和建设工作。

河东区"15分钟社区生活圈"单项设施覆盖水平统计表　　　表7-2

| 各级评估单元 | 设施类型覆盖达标率 | | | | | | |
|---|---|---|---|---|---|---|---|
| | 初中 | 门诊部 | 养老院 | 文化活动中心 | 商场 | 街道办事处 | …… |
| 河东区 | 75% | 96% | 74% | 80% | 85% | 48% | |
| 春华街道 | 97% | 100% | 82% | 79% | 100% | 51% | |
| 常州道街道 | 52% | 97% | 79% | 84% | 89% | 49% | |
| 鲁山道街道 | 56% | 93% | 20% | 66% | 93% | 59% | |
| 唐家口街道 | 92% | 100% | 75% | 64% | 85% | 30% | |
| 向阳楼街道 | 41% | 85% | 75% | 68% | 57% | 51% | |
| 东新街道 | 100% | 100% | 100% | 93% | 100% | 52% | |
| 上杭路街道 | 66% | 78% | 51% | 90% | 88% | 56% | |
| 大王庄街道 | 56% | 100% | 71% | 93% | 100% | 49% | |
| 大直沽街道 | 88% | 100% | 64% | 93% | 96% | 59% | |
| 中山门街道 | 98% | 98% | 81% | 98% | 87% | 49% | |
| 富民路街道 | 68% | 98% | 83% | 53% | 80% | 18% | |
| 二号桥街道 | 87% | 94% | 92% | 62% | 49% | 42% | |
| 社区生活圈 | | | | | | | |
| I-1 | 94% | 100% | 97% | 89% | 100% | 67% | |
| I-2 | 100% | 100% | 60% | 64% | 100% | 28% | |
| I-3 | 82% | 100% | 79% | 88% | 91% | 82% | |
| I-4 | 18% | 93% | 79% | 79% | 86% | 11% | |
| I-5 | 56% | 93% | 20% | 66% | 93% | 59% | |
| I-6 | 100% | 100% | 100% | 80% | 100% | 5% | |
| I-7 | 88% | 100% | 63% | 56% | 78% | 41% | |

续表

| 各级评估单元 | 设施类型覆盖达标率 | | | | | | |
|---|---|---|---|---|---|---|---|
| | 初中 | 门诊部 | 养老院 | 文化活动中心 | 商场 | 街道办事处 | …… |
| I–8 | 72% | 100% | 64% | 20% | 100% | 92% | |
| I–9 | 23% | 77% | 81% | 95% | 33% | 28% | |
| II–1 | 100% | 100% | 100% | 93% | 100% | 52% | |
| II–2 | 74% | 79% | 53% | 100% | 100% | 84% | |
| II–3 | 100% | 73% | 82% | 100% | 82% | 64% | |
| II–4 | 40% | 60% | 0% | 100% | 100% | 0% | |
| II–5 | 0% | 100% | 33% | 33% | 50% | 0% | |
| II–6 | 30% | 100% | 89% | 89% | 100% | 98% | |
| II–7 | 75% | 100% | 58% | 97% | 100% | 13% | |
| II–8 | 88% | 100% | 64% | 93% | 96% | 59% | |
| II–9 | 98% | 98% | 81% | 98% | 87% | 49% | |
| III–1 | 43% | 100% | 64% | 71% | 86% | 7% | |
| III–2 | 81% | 96% | 92% | 42% | 77% | 23% | |
| III–3 | 81% | 76% | 90% | 5% | 76% | 0% | |
| III–4 | 89% | 100% | 93% | 82% | 39% | 67% | |

（资料来源：作者整理）

## 7.2.3 整体布局合格水平

基于河东区"15分钟社区生活圈"单项设施覆盖水平的计算结果，将各项设施的"位置分配"计算结果数据导出至Excel表格。利用Excel表格的数据查询功能，针对各类配套设施的"位置分配"计算结果开展对各个"请求点"（住宅小区数据）出现次数的统计工作。同一个"请求点"出现的次数，代表该住宅小区满足15分钟步行距离覆盖的配套设施类型数量。最终得出河东区各住宅小区在15分钟步行距离范围内能获得的配套设施种类。

根据第4章关于"合格小区"的定义，若某一住宅小区同时满足河东区的15类应配建配套设施，则认为该住宅小区为合格小区。因此，基于三级单元统计分析方法，以河东区各住宅小区15分钟步行范围覆盖的配套设施类型数量的统计结果，开展河东区各层级空间单元"住宅小区配套合格率"的统计工作。

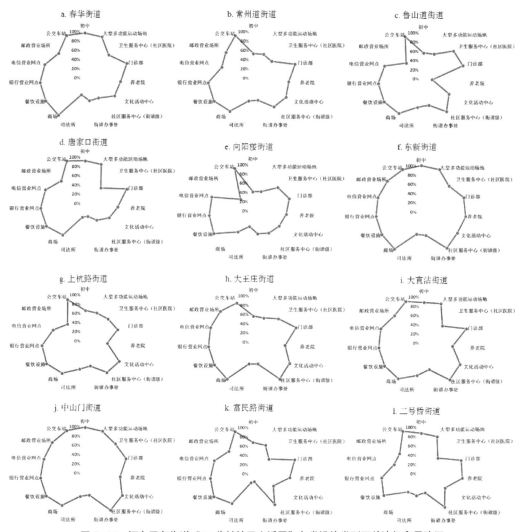

图 7-11　河东区各街道"15 分钟社区生活圈"各类设施类型覆盖达标率雷达图

结果表明：

（1）河东区"15 分钟社区生活圈"合格小区数为 124 个，住宅小区配套合格率仅为 16.85%。从总体空间分布来看，合格小区分布并不均匀，合格小区主要分布在常州道街道、东新街道、大王庄街道、大直沽街道、中山门街道和二号桥街道，呈现出局部相对集中的特征（图 7-12）。而河东区满足 12 类及以上的配套设施类型的住宅小区总数为 467 个，占比 63.45%，表明河东区整体的配套设施布局水平相对较好。

（2）各街道的住宅小区配套合格率普遍较低，仅有东新街道和中山门街道相对较高，

图 7-12　河东区"15分钟社区生活圈"合格小区空间分布图

分别为 42.86% 和 46.03%，其余街道的住宅小区配套合格率均低于 25%。而满足 12 类及以上的配套设施类型的住宅小区相对较多，如中山门街道、东新街道和大直沽街道均占比较高，说明该街道的配套设施布局水平相对良好。

（3）各社区生活圈空间单元的合格率水平差异较大，其中 I-3、II-1、II-9 空间单元的合格率相对较高，分别为 45.45%、42.86%、46.03%。而 I-2、I-4、I-5、I-6、II-4、II-5、III-1 和 III-3 等 8 个"15分钟社区生活圈"空间单元内没有符合合格标准的住宅小区。

综合上述，关于河东区"15分钟社区生活圈"各层级空间单元的整体布局合格水平的内容，将量化评估的数据结果进行统计和整理，构建面向各级行政管理单元的"河东区 15 分钟社区生活圈整体布局合格水平统计表"（表 7-3），为行政管理单元的科学规划决策提供支持。

河东区"15分钟社区生活圈"整体布局合格水平统计表　　　　表 7-3

| 行政分区 | 住宅小区配套合格率 | 社区生活圈空间单元 | 住宅小区配套合格率 | 社区生活圈空间单元 | 住宅小区配套合格率 |
|---|---|---|---|---|---|
| 河东区 | 16.85% | I-1 | 13.89% | II-5 | 0.00% |

| 行政分区 | 住宅小区配套合格率 | 社区生活圈空间单元 | 住宅小区配套合格率 | 社区生活圈空间单元 | 住宅小区配套合格率 |
|---|---|---|---|---|---|
| 春华街道 | 8.20% | I-2 | 0.00% | II-6 | 27.27% |
| 常州道街道 | 24.59% | I-3 | 45.45% | II-7 | 6.67% |
| 鲁山道街道 | 0.00% | I-4 | 0.00% | II-8 | 23.68% |
| 唐家口街道 | 6.56% | I-5 | 0.00% | II-9 | 46.03% |
| 向阳楼街道 | 2.94% | I-6 | 0.00% | III-1 | 0.00% |
| 东新街道 | 42.86% | I-7 | 9.76% | III-2 | 15.38% |
| 上杭路街道 | 7.32% | I-8 | 4.00% | III-3 | 0.00% |
| 大王庄街道 | 15.38% | I-9 | 2.33% | III-4 | 17.54% |
| 大直沽街道 | 23.68% | II-1 | 42.86% | — | — |
| 中山门街道 | 46.03% | II-2 | 5.26% | — | — |
| 富民路街道 | 10.00% | II-3 | 18.18% | — | — |
| 二号桥街道 | 12.82% | II-4 | 0.00% | — | — |

### 7.2.4 设施布局空间分异

#### （1）各社区生活圈配套设施布局的综合水平和内部差异分析

基于上一节针对河东区各社区生活圈住宅小区整体布局合格水平的分析，本节通过整理和统计河东区各住宅小区在15分钟步行半径内所覆盖配套设施类型的数量，分别开展对各个社区生活圈空间单元配套设施布局综合水平和内部差异的分析。

首先，以社区生活圈空间单元为基本对象，根据各个住宅小区在15分钟步行半径内所覆盖到配套设施类型的数量，选取并计算其平均值，进而作为该社区生活圈空间单元配套设施布局综合水平的表征数据。如图7-13所示，根据各社区生活圈空间单元配套设施布局的综合水平，将其所覆盖配套设施类型数量的平均值按照自然间断点法划分为4级。从不同等级来看，河东区综合水平评分位于三级、四级的社区生活圈空间单元共计12个，所覆盖的配套设施类型的平均值均在11种以上，占总数的54.55%，设施整体配置水平较高。同时，评分为三级、四级的社区生活圈空间单元主要集中在河东区西侧区域，主要沿海河城市轴带分布，总体呈现西强东弱的分布特征。

其次，同样以社区生活圈空间单元为基本对象，根据各个住宅小区在15分钟步行半径内所覆盖到配套设施类型的数量，选取并计算其标准差，作为该社区生活圈空间单

图 7-13　河东区 "15 分钟社区生活圈" 空间单元配套设施布局的综合水平

元内部配套设施布局均衡性的表征数据。如图 7-14 所示，根据各社区生活圈空间单元配套设施布局的内部差异，将其所覆盖配套设施类型数量的标准差按照自然间断点法划分为 4 级。从不同等级来看，河东区内部差异评分位于一级、二级的社区生活圈空间单元共计 12 个，所覆盖配套设施类型的标准差均在 1.8 以下，占总数的 54.55%，设施整体配置均衡性较强。同时，评分为一级、二级的社区生活圈空间单元，主要集中在以泰兴路—泰兴南路—成林道—东兴路为界的西侧区域，其东侧区域内的社区生活圈空间单元大多存在配套设施布局水平不均衡的问题。

**（2）各社区生活圈配套设施布局的总体评价**

为了进一步对河东区各个社区生活圈空间单元的配套设施布局水平进行总体评价，本书依据河东区社区生活圈配套设施布局综合水平和内部差异的等级类型，将各个社区生活圈分别划分为 "水平高差异高、水平高差异低、水平低差异高、水平低差异低" 四种总体评价类型，以表征河东区各个社区生活圈配套设施空间布局的总体评价情况。

图 7-14　河东区"15 分钟社区生活圈"空间单元配套设施布局的内部差异

如图 7-15 所示，河东区水平高差异小的社区生活圈数量最多，共 10 个，占总数的 45.45%，主要位于海河城市发展轴带的东岸。其次为水平低差异大的社区生活圈，共 8 个，占总数的 36.36%，主要零散分布在河东区东部，并主要集中在境内军事用地或被城市快速路所切割的地块。河东区配套设施布局的总体评价情况呈现"西强东弱"的两极化分布特征，同时受到军事用地发展限制、地物阻隔等现象，造成社区生活圈配套设施布局水平低差异大的问题较为突出。

## ▋ 7.3　河东区社区生活圈配套设施布局优化

基于上一节河东区社区生活圈配套设施布局评估的结果，本节开展对重点优化对象的选取研究，并以编号 I-9 的社区生活圈空间单元为例，运用配套设施布局优化选址的指标体系和评估选址模型，开展对初中设施的布局优化选址。其他配套设施的优化选址方法类同，不再赘述。

图7-15　河东区"15分钟社区生活圈"配套设施布局水平总体评价图

## 7.3.1　重点优化对象选取

依据河东区"15分钟社区生活圈"配套设施现状布局水平的评估结果，从单项设施覆盖水平和整体布局合格水平两个方面，综合判定河东区内各个"15分钟社区生活圈"空间单元的配套设施布局水平，进而选取配套设施布局水平较差的社区生活圈空间单元作为重点的布局优化对象。

### （1）单项设施覆盖水平

以初中为例，在单项设施覆盖水平方面，河东区各个15分钟社区生活圈空间单元的设施覆盖率相对较高，但I-4、I-9、II-4、II-5、II-6和III-1的6个社区生活圈空间单元的初中设施覆盖率低于40%，布局水平较差。

**（2）整体布局合格水平**

在整体布局合格水平方面，河东区各个社区生活圈空间单元的合格率水平差异较大。依据河东区合格小区空间分布图和整体布局合格水平统计表，I–4、I–5、I–9、II–4、II–5、III–1 和 III–3 的 7 个社区生活圈空间单元的合格水平较差，其住宅小区配套合格率大多为 0，虽然 I–2、I–6 的 2 个社区生活圈空间单元的住宅小区配套合格率同样为 0，但其满足 12 类设施覆盖的住宅小区数量较多，可视为覆盖情况较为良好。

**（3）选取重点优化对象**

以初中为例，综合单项设施覆盖水平和整体布局合格水平的评估结果，编号 I–4、I–9、II–4、II–5 和 III–1 的 5 个社区生活圈空间单元的布局水平较差，应作为河东区开展初中设施布局优化工作的重点优化对象。

其中 I–9 社区生活圈空间单元内有 22 个住宅小区，仅被 9 类以下的设施所覆盖，其数量占 I–9 社区生活圈空间单元住宅小区总数的 50%，占全河东区仅被 9 类以下的设施所覆盖的住宅小区总数的 25%。配套设施布局的缺位问题较为突出，是河东区开展社区生活圈配套设施布局优化工作的重点优化对象。

### 7.3.2 潜在选址用地筛选

**（1）基础信息整理**

本书基于河东区社区生活圈配套设施布局优化研究的基础数据集，梳理河东区近期的相关城市设计、城市更新等项目信息，并将相关用地输入河东区社区生活圈基础研究场景，作为河东区开展社区生活圈配套设施布局优化的潜在选址用地。

本节以编号 I–9 空间单元开展初中设施的布局优化选址研究，考虑到 I–9 空间单元周边一定范围内的设施优化选址点也能为空间单元内的住宅小区提供对应的设施服务，所以将潜在选址用地的筛选范围以 I–9 空间单元边界为准，向外拓展约 1 公里的距离（约人步行 15 分钟距离），并基于此共选取 69 个潜在选址用地。同时，依据配套设施优化选址指标体系，对相关可利用存量用地的属性信息（潜在选址用地的建设方式、用地规模、周边交通情况等）进行整理，并赋值于河东区社区生活圈基础研究场景（图 7–16 ~ 图 7–18）。

**（2）实施用地筛选**

依据配套设施布局优化选址的指标体系和"15 分钟社区生活圈"配套设施规划建设控制要求，初中的配建要求主要包括建设方式、用地规模、周边交通情况三个方面：

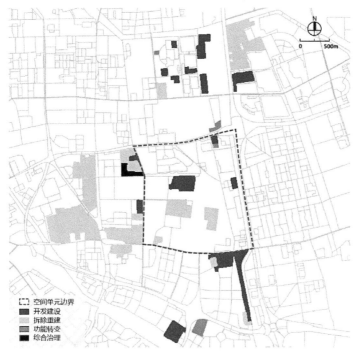

图 7-16　河东区 I-9 空间单元周边潜在选址用地建设方式

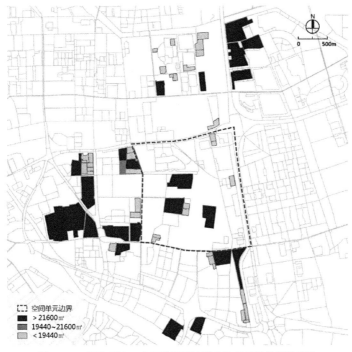

图 7-17　河东区 I-9 空间单元周边潜在选址用地的用地规模

图 7-18　河东区 I-9 空间单元周边潜在选址用地周边交通情况

①建设方式

根据配套设施规划建设控制要求，初中属于应独立占地的设施类型。因此，对初中开展布局优化的选址用地选择时，应选择独立建设的开发建设用地或拆除重建用地。

②用地规模

依据初中建设要求，需要配建一定规模的体育运动场和其他相关设施。因而，为保障学生的良好学习环境、支持学校的正常运转，需确保初级中学拥有足够的用地空间。根据天津市地方标准，初中的适宜用地规模应为 19440~21600 平方米。因而，低于用地规模下限的用地不能作为初中的潜在选址用地。

③周边交通情况

依据 2018 版《标准》对初中设施的建设控制要求，为保障学生出入学校的交通安全，也为避免因接送学生造成交通拥堵问题，初中的选址建设应尽量避开城市干道交叉口等交通繁忙的路段。

依据上述对于初中选址配建的规划建设控制要求，运用 GIS 属性选择方法构建初中设施潜在选址用地筛选的计算公式（图 7-19），实施用地筛选，得到潜在选址用地结果（图 7-20）。

图 7-19　潜在选址用地筛选公式　　　　　　图 7-20　潜在选址用地筛选结果

### 7.3.3　配套设施优化选址

基于潜在选址用地的筛选结果，运用配套设施布局的优化选址指标和模型，开展配套设施的优化选址研究。

依据第 4 章关于实施配套设施优化选址的具体方法，基于河东区"15 分钟社区生活圈"研究场景，运用 GIS 位置分配模型，以河东区现状初中的点元素作为"必选设施点"，以服务需求点（居民住宅小区）为"请求点"，以潜在服务供给点（潜在选址用地的筛选结果）为"候选设施点"，设置 15 分钟的时间阻抗，开展运算。

首先，运用最小化设施模型开展优化选址计算，得出在实现初中最大覆盖范围的情况下，需要的最少优化选址设施点数量为 5 个，其覆盖住宅小区 39 个（图 7-21）。

其次，运用最小化阻抗模型，分别在优化设施点数量设定为 4、5 和 6 的情况下开展优化选址计算，得出居民出行距离总和最短的初中优化选址布局和覆盖情况（表 7-4）。

基于最小化阻抗模型的河东区 I-9 空间单元初中优化选址运算结果统计表　　表 7-4

| 配套设施 | 优化选址点数量 | 联系线数量 | 设施覆盖达标率 |
| --- | --- | --- | --- |
| 初中 | 4 | 38 | 86.36% |

续表

| 配套设施 | 优化选址点数量 | 联系线数量 | 设施覆盖达标率 |
|---|---|---|---|
| 初中 | 5 | 39 | 88.63% |
| | 6 | 39 | 88.63% |

　　通过对河东区初中的最小化阻抗模型运算结果的统计,发现当优化选址点数量设定为5,即与最小化设施模型运算结果一致时,其优化选址点的空间布局与最小化设施模型的运算结果一致。此外,初中的设施覆盖达标率达到饱和,为86.36%;初中覆盖的小区数量也达到饱和,为39个(受可利用存量用地资源的限制,无法为部分住宅小区找到满足要求的优化选址点),均与最小化设施模型运算结果一致(图7-22)。

　　因此,选取最小化设施模型与最小化阻抗模型的相同运算结果,得到"设施建设量最少、居民出行距离最短、设施覆盖范围最大"的河东区初中优化选址结果。

　　基于上述方法,开展对河东区"15分钟社区生活圈"其他配套设施的优化选址计算,

图7-21　河东区初中的最小化设施模型优化选址结果图

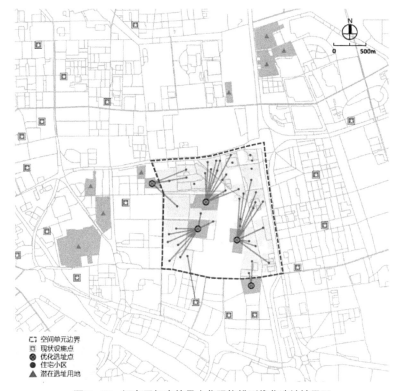

图7-22　河东区初中的最小化阻抗模型优化选址结果图

并将运算结果的数量和布局进行统计整理。结果表明，街道办事处、司法所、卫生服务中心（社区医院）需新增优化选址数量较高，均在30处以上；餐饮设施、银行营业网点和门诊部等设施配建情况较好，优化选址数量均在10处以下（图7-23）。各类配套设施优化选址点的空间分布情况不一：商场的优化选址点主要集中在城市开发程度较低的二号桥街道；而社区服务中心街道级的优化选址点较为均匀，除了东新、常州道街道，其余街道均新增1~2个设施点。

基于2018版《标准》针对配套设施布局提出的"独立与混合并重"的规划原则，将上述14类配套设施的优化选址结果进行叠合分析和统计分类：针对各个优化选址点，梳理出所有选择该点实施优化选址的配套设施类型，并依据优化选址点被选择的次数和对应的配套设施类型进行统计（图7-24）。最终结合河东区的街道行政分区，形成各个街道的"15分钟社区生活圈"配套设施优化建设内容和优化建设清单（表7-5）。

结果表明，河东区14类配套设施布局优化选址点共计81个，其中54个优化选址点需新增2类及以上数量的配套设施。以图中二号桥街道西侧编号52的优化选址点为

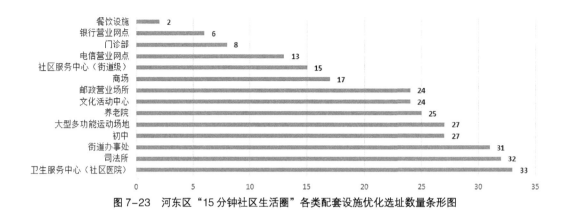

图7-23 河东区"15分钟社区生活圈"各类配套设施优化选址数量条形图

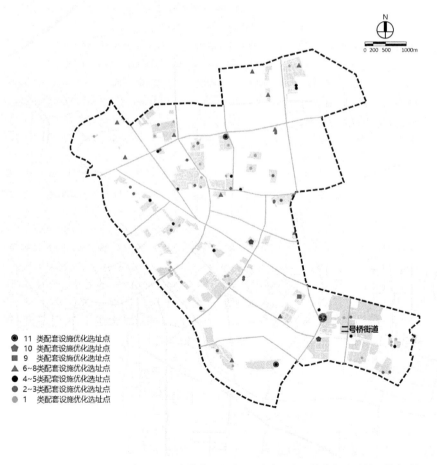

图7-24 河东区"15分钟社区生活圈"各类配套设施优化选址结果叠合分析图

河东区"15分钟社区生活圈"配套设施部分优化选址点优化建设清单　　表7-5

| 街道名称 | 二号桥 | | 上杭路 | | 鲁山道 | 中山门 | | 富民路 | | 向阳楼 | | 常州道 |
| --- | --- | --- | --- | --- | --- | --- | --- | --- | --- | --- | --- | --- |
| 可利用存量用地编号 | 52 | 350 | 64 | 401 | 166 | 173 | 229 | 195 | 224 | 356 | 379 | 400 |
| 卫生服务中心（社区医院） | √ | √ | √ | √ | √ | √ | √ | √ | √ | √ | | √ |
| 司法所 | √ | √ | √ | √ | √ | √ | √ | √ | √ | √ | | |
| 街道办事处 | √ | | √ | √ | √ | √ | √ | √ | √ | √ | | |
| 初中 | | √ | √ | √ | | √ | √ | √ | √ | | | |
| 大型多功能运动场地 | | √ | √ | | | | √ | √ | √ | | | √ |
| 养老院 | | √ | | | | √ | √ | √ | √ | | | √ |
| 文化活动中心 | √ | | | | √ | √ | √ | | | √ | | |
| 邮政营业场所 | √ | √ | | | √ | √ | √ | | | | | |
| 商场 | | | | | √ | | √ | √ | √ | | | |
| 社区服务中心（街道级） | | √ | | √ | | √ | | | | √ | | |
| 电信营业网点 | √ | | | | | | | | | | | √ |
| 门诊部 | | | √ | | √ | | | | | √ | | |
| 银行营业网点 | √ | | | | | | | | | √ | | |
| 餐饮设施 | | | | | | | | | | | | |

（资料来源：作者整理）

例，应配建卫生服务中心（社区医院）、司法所、街道办事处、文化活动中心、邮政营业场所、商场、电信营业网点和银行营业网点8类配套设施。依据各优化选址地块的建设内容要求中是否含有如初中等"应独立占地"的配套设施，提出对应的建设指引策略。针对"应独立占地"的配套设施，建议将该优化选址地块单独划分出独立占地的配套设施建设用地，或整合临近地块共同建设。针对其他类型的配套设施，建议和鼓励各类设施集中或相对集中配置，打造城市"一站式"公共服务中心，方便居民使用。

### 7.3.4　优化方案反馈评估

为进一步验证配套设施布局优化方案的有效性与合理性，本书将河东区各类配套设施的优化选址方案进行反馈评估，并对比配套设施现状布局与优化方案的各项设施覆盖达标率和住宅小区配套合格率，以检验布局优化方案的优化效果。

基于上一节关于河东区配套设施优化选址的运算结果，将其与现状设施布局相结合，作为初始数据，运用第4章所述方法开展河东区各类配套设施布局优化方案的反馈评估。结果显示，各类配套设施优化后的设施覆盖达标率均达到95%以上，各类设施

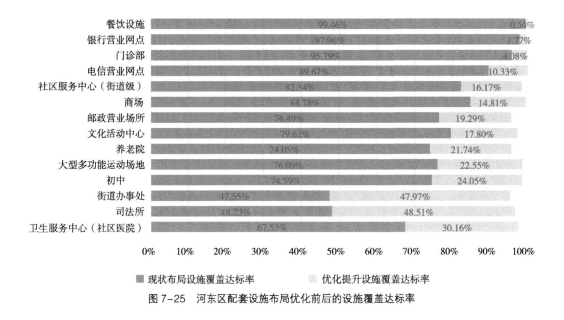

图 7-25　河东区配套设施布局优化前后的设施覆盖达标率

的布局水平获得了显著的提升，其中街道办事处与司法所的覆盖达标率增幅较大，提升约 48%（图 7-25）。

　　将河东区"15 分钟社区生活圈"配套设施布局优化方案的各个单项设施覆盖达标率数据进行统计，计算得出优化方案中河东区各层级空间单元的"住宅小区配套合格率"。结果表明，河东区"15 分钟社区生活圈"合格小区数为 683 个，住宅小区配套合格率为 92.80%（图 7-26）。从总体空间分布来看，河东区各住宅小区基本满足"15 分钟社区生活圈"的配套设施服务需求，合格率较低的常州道街道、鲁山道街道、东新街道等区域，主要受河东区军事用地限制、城市边缘建设程度较低等因素的影响，呈现局部地区"少量、分散"的不合格住宅小区（图 7-27）。

　　综上所述，本章选取天津市河东区开展"15 分钟社区生活圈"配套设施布局优化的实例研究。首先，基于河东区"15 分钟社区生活圈"的研究场景，将河东区划分为22 个社区生活圈空间单元，作为后续评估优化的基本书对象；其次，运用 GIS 网络分析工具，分别从河东区社区生活圈配套设施的现状布局聚集特征、单项设施覆盖水平、整体布局合格水平和设施布局空间分异 4 个方面，完成对河东区配套设施现状布局水平的多维度评估；最后，基于决策树和 GIS 位置分配模型，实现对河东区各类配套设施的优化选址，得出空间布局优化方案，并通过反馈评估，验证布局优化方案的有效性与合理性。

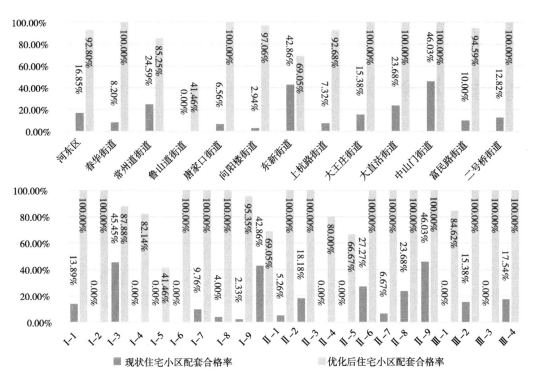

图 7-26　河东区"15分钟社区生活圈"配套设施布局优化方案的整体布局合格水平统计表

图 7-27　河东区"15分钟社区生活圈"配套设施布局优化方案的合格小区空间分布图

# 第8章

# 结语与展望

## ‖ 8.1  主要结论

随着 2018 年 12 月《城市居住区规划设计标准》GB 50180—2018 的正式实施，传统居住区规划转向人本导向下的社区生活圈建设。同时，大数据时代下多样化的城市开放数据获取途径和空间分析技术，对城市社区生活圈的智慧化协同与精细化管理提出了更高的要求。本书涵盖数据基础（基于多源数据融合的社区生活圈智慧化建设数据库构建）与研究应用（社区生活圈配套设施布局优化）两部分内容：融合城市多源数据，构建社区生活圈智慧化建设数据库；基于社区生活圈数据库"一张底图"，开展社区生活圈配套设施布局优化研究。本书的主要研究工作和结论如下：

**（1）数据基础**

①数据获取渠道多元

社区生活圈数据获取渠道呈现多元化趋势，每一种方法所获取数据内容与格式不同，且各自的优势与不足明显（表 8-1）

多源数据内容、格式、优势与不足

表 8-1

| 数据获取渠道 | 数据内容 | 数据格式 | 数据优势 | 数据不足 |
|---|---|---|---|---|
| 规划机构基础数据获取 | 土地利用建筑、道路 | 矢量（DWG/SHP） | ■ 规划领域法定涉密数据；<br>■ 完备性好 | 数据时效性稍有滞后很难做到实时更新 |

| 数据获取渠道 | 数据内容 | 数据格式 | 数据优势 | 数据不足 |
| --- | --- | --- | --- | --- |
| 高分遥感影像矢量提取 | 建筑 | 矢量（shp） | ■ 数据更新时间短势性高；<br>■ 人工成本较低 | 需人机交互弥补部分误差 |
| | 遥感影像 | 栅格（jpg） | | |
| 百度地图Place API接口 | 配套设施 | 矢量（Excel） | ■ 设施种类覆盖度高；<br>■ 数据范围覆盖面广；<br>■ 包含联合建设的设施信息 | — |
| LBS数据传输平台 | 居住人口数量设施点客流量 | 文件（Excel） | ■ 获取时间成本低；<br>■ 数据更新快 | 获取区域小的情况下，数据准确度待提升 |

②多源数据融合应用

多源数据集成通过统一数据地理与投影坐标、空间矫正与地理配准将多源数据在空间上"无错位"地叠加在一起。基于多源数据集成结果，可发现多源数据对同一地物的描述存在冲突、重复等混杂情况。多源数据匹配判别哪些数据描述的是同一地物，多源数据融合整合不同数据的优势，简化重复内容，互补差异内容，对同一地物实现统一的、有用的、准确的描述。根据空间数据与属性数据的不同，多源数据匹配包含基于几何特征、拓扑特征、属性特征匹配三种方法，多源数据融合涵盖精细空间场景构建与精确属性信息完善两部分内容。

为了更便于进行空间分析、评估与优化，基于供需匹配视角，建立数据逻辑，将数据按照服务需求、服务路径、服务供给三个门类输入数据库。服务需求是指产生需求的空间位置与需求量；服务路径是指居民获取服务时所需要的城市路网，用于精确计算道路走向与拓扑关系对居民步行范围的影响；服务供给包含供给服务的空间位置与有效供给量。

**（2）研究应用**

①配套设施供需关系的转变

面向社区生活圈建设的配套设施布局，其核心转变内容是配套设施"供需关系"的转变。相较于传统规范，面向社区生活圈建设的配套设施布局，其核心要义在于既要提供与居民需求相匹配的配套设施，也要提供能够支撑居民便捷获取该服务的空间途径，将配套设施的供需关系拓展为"服务需求—服务路径—服务供给"的逻辑关系，强化了服务路径对配套设施服务供给效率和品质的支撑作用。

②社区生活圈空间单元划分方法

社区生活圈空间单元是构成社区生活圈空间结构体系的基本组织单元，是开展配套设施布局优化的基本研究对象。依据 2018 版《标准》对于社区生活圈空间单元的定义和建设要求，"步行可达"是社区生活圈最重要的特征要素。在满足以人口规模、用地规模为主的"规模要素"的条件下，需要统筹考虑影响居民"步行可达"的河流、铁路等自然地理要素和人工地理要素，满足以街道行政边界和控规单元边界为主的管理建设需求，组成划分社区生活圈空间单元的"边界要素"。运用 GIS 空间叠加分析方法，基于影响因子的空间尺度，有效统筹社区生活圈空间单元的划分。三级单元统计分析法建立"街道分区—社区生活圈—住宅小区"的评估和管理传导方式，能有效开展设施布局水平的统计分析，并建立与行政管理单元的衔接关系。空间单元的划分有利于对各级社区生活圈开展管理、实施、考核和优化工作。

③配套设施布局优化的实施路径

本书构建了城市中心区社区生活圈配套设施布局优化的实施路径。首先基于 GIS 网络分析法开展配套设施现状布局的步行可达性分析，进而从整体布局合格水平和单体设施覆盖情况两个层面选取亟待优化的重点空间单元；针对重点优化空间单元，依据 2018 版《标准》对于配套设施建设的规划建设控制要求，针对城市中心区存量用地的局限性，运用决策树算法构建了潜在选址用地的筛选决策模型，充分考虑备选用地的建设方式、用地规模、房屋产权、与周边道路和设施的毗邻关系等要素对设施建设的影响，完成重点优化空间单元的潜在选址用地筛选，以保障使用城市中心区有限的可利用存量用地提升配套设施布局优化选址的合理性和可实施性；基于潜在选址用地筛选结果，运用位置分配模型统筹考虑优化选址建设数量和居民出行成本总和，最终得到各类设施优化选址结果，并与社区生活圈空间单元叠合，形成辅助行政决策的社区生活圈配套设施布局优化建设清单。

# ‖ 8.2 研究展望

针对社区生活圈智慧化建设目标的多元性和复杂性，未来的研究工作可以集中在以下几个方面：

（1）拓宽居住人口数量、设施点客流量等反映居民活动数据的获取渠道，提升数据精度。基于百度慧眼 LBS 获取的居住人口数量、设施点客流量等数据并不能涵盖居民在生活空间中分布与移动的复杂性。在大数据时代的驱动下，可发挥互联网、社交、微博等公众参与互动平台的优势[160]，利用 GPS 设备，结合 GIS 或网络日志采集居民行为数据[161]。这些技术可作为后续获取社区生活圈居民活动数据的重要来源，将有利于优化居民活动数据的获取精度，进一步提升社区生活圈数据库的准确性。

（2）本书以社区生活圈配套设施布局优化为例，在社区生活圈智慧化建设数据库"一张底图"的基础上，开展城市中心区社区生活圈配套设施布局的量化评估与优化方法研究，构建"目标—指标—坐标"的"全流程、系统化"规划路径，为后续拓展研究提供基础技术方法支撑。因此，后续还可针对"儿童友好"、"创意城市"、"健康城市"、"公园城市"等不同视角，开展城市中心区社区生活圈智慧化建设的拓展研究，丰富社区生活圈智慧化建设的量化评估和空间优化内容，集成多元指标和量化分析模型，不断完善面向多元目标的城市中心区社区生活圈智慧化建设研究。

# 附 录

## 附录A 百度慧眼下载的居住用地内居住人口数量（2019 年）

| 区域名称 | 居住人口数量 | 区域名称 | 居住人口数量 | 区域名称 | 居住人口数量 |
|---|---|---|---|---|---|
| 243 | 101 | 511 | 133 | 260 | 176 |
| 684 | 101 | 691 | 135 | 412 | 178 |
| 41 | 102 | 174 | 136 | 227 | 180 |
| 415 | 102 | 541 | 136 | 406 | 180 |
| 427 | 102 | 677 | 138 | 545 | 181 |
| 416 | 104 | 577 | 138 | 431 | 181 |
| 179 | 104 | 151 | 142 | 276 | 182 |
| 192 | 105 | 623 | 142 | 189 | 184 |
| 518 | 105 | 461 | 143 | 121 | 185 |
| 611 | 107 | 99 | 144 | 454 | 187 |
| 667 | 107 | 148 | 145 | 382 | 190 |
| 433 | 108 | 193 | 145 | 641 | 192 |
| 33 | 108 | 163 | 145 | 350 | 194 |
| 588 | 109 | 81 | 145 | 465 | 194 |
| 402 | 110 | 56 | 149 | 78 | 195 |
| 638 | 111 | 504 | 149 | 39 | 195 |
| 450 | 111 | 445 | 150 | 699 | 197 |
| 516 | 111 | 107 | 152 | 188 | 197 |
| 567 | 111 | 92 | 154 | 560 | 197 |
| 475 | 118 | 117 | 156 | 287 | 198 |
| 587 | 118 | 568 | 157 | 621 | 198 |
| 632 | 119 | 16 | 157 | 27 | 202 |
| 288 | 119 | 1 | 158 | 710 | 203 |
| 513 | 120 | 210 | 160 | 453 | 204 |

| 区域名称 | 居住人口数量 | 区域名称 | 居住人口数量 | 区域名称 | 居住人口数量 |
|---|---|---|---|---|---|
| 126 | 122 | 55 | 160 | 506 | 207 |
| 732 | 123 | 119 | 160 | 124 | 209 |
| 209 | 123 | 383 | 163 | 505 | 212 |
| 37 | 123 | 459 | 163 | 254 | 212 |
| 515 | 123 | 485 | 164 | 310 | 213 |
| 539 | 123 | 511 | 133 | 28 | 215 |
| 671 | 126 | 605 | 168 | 102 | 221 |
| 458 | 128 | 550 | 169 | 417 | 222 |
| 123 | 129 | 572 | 169 | 512 | 229 |
| 80 | 130 | 236 | 169 | 106 | 230 |
| 20 | 130 | 146 | 169 | 439 | 232 |
| 524 | 130 | 96 | 169 | 114 | 234 |
| 54 | 132 | 267 | 173 | 217 | 236 |
| 546 | 132 | 583 | 174 | 726 | 239 |
| 226 | 242 | 66 | 330 | 264 | 376 |
| 360 | 242 | 606 | 331 | 325 | 377 |
| 272 | 243 | 115 | 344 | 373 | 380 |
| 537 | 246 | 155 | 349 | 681 | 385 |
| 425 | 250 | 400 | 350 | 369 | 386 |
| 313 | 251 | 492 | 352 | 211 | 392 |
| 514 | 252 | 195 | 355 | 640 | 396 |
| 222 | 253 | 290 | 359 | 330 | 397 |
| 411 | 254 | 437 | 363 | 22 | 399 |
| 385 | 259 | 424 | 369 | 218 | 409 |
| 575 | 259 | 162 | 370 | 252 | 412 |
| 557 | 260 | 264 | 376 | 379 | 419 |
| 540 | 262 | 325 | 377 | 576 | 421 |
| 31 | 263 | 373 | 380 | 562 | 424 |

| 区域名称 | 居住人口数量 | 区域名称 | 居住人口数量 | 区域名称 | 居住人口数量 |
|---|---|---|---|---|---|
| 661 | 263 | 681 | 385 | 631 | 424 |
| 398 | 263 | 369 | 386 | 596 | 428 |
| 618 | 266 | 211 | 392 | 418 | 442 |
| 201 | 266 | 640 | 396 | 533 | 446 |
| 261 | 268 | 330 | 397 | 730 | 455 |
| 306 | 269 | 22 | 399 | 265 | 456 |
| 30 | 270 | 218 | 409 | 108 | 459 |
| 420 | 275 | 252 | 412 | 356 | 460 |
| 451 | 277 | 379 | 419 | 721 | 463 |
| 233 | 277 | 576 | 421 | 591 | 465 |
| 598 | 281 | 562 | 424 | 137 | 467 |
| 712 | 283 | 631 | 424 | 503 | 475 |
| 32 | 286 | 596 | 428 | 319 | 475 |
| 335 | 287 | 418 | 442 | 643 | 489 |
| 387 | 289 | 533 | 446 | 447 | 498 |
| 496 | 290 | 730 | 455 | 597 | 502 |
| 242 | 298 | 66 | 330 | 428 | 505 |
| 230 | 300 | 606 | 331 | 128 | 507 |
| 283 | 307 | 115 | 344 | 584 | 507 |
| 644 | 312 | 155 | 349 | 352 | 509 |
| 384 | 312 | 400 | 350 | 407 | 512 |
| 220 | 317 | 492 | 352 | 343 | 525 |
| 582 | 318 | 195 | 355 | 266 | 531 |
| 472 | 319 | 290 | 359 | 264 | 376 |
| 59 | 324 | 437 | 363 | 325 | 377 |
| 354 | 325 | 424 | 369 | 373 | 380 |
| 285 | 326 | 162 | 370 | 681 | 385 |
| 369 | 386 | 548 | 555 | 455 | 753 |

| 区域名称 | 居住人口数量 | 区域名称 | 居住人口数量 | 区域名称 | 居住人口数量 |
|---|---|---|---|---|---|
| 211 | 392 | 554 | 556 | 323 | 756 |
| 640 | 396 | 263 | 559 | 720 | 761 |
| 330 | 397 | 275 | 563 | 432 | 762 |
| 22 | 399 | 131 | 564 | 404 | 762 |
| 218 | 409 | 156 | 567 | 724 | 777 |
| 252 | 412 | 336 | 571 | 345 | 778 |
| 379 | 419 | 553 | 572 | 723 | 785 |
| 576 | 421 | 12 | 578 | 5 | 789 |
| 562 | 424 | 282 | 583 | 436 | 791 |
| 631 | 424 | 517 | 585 | 687 | 799 |
| 596 | 428 | 340 | 586 | 421 | 801 |
| 418 | 442 | 509 | 595 | 615 | 813 |
| 533 | 446 | 391 | 596 | 422 | 836 |
| 730 | 455 | 85 | 598 | 63 | 843 |
| 265 | 456 | 658 | 600 | 235 | 847 |
| 108 | 459 | 609 | 608 | 625 | 848 |
| 356 | 460 | 388 | 617 | 547 | 854 |
| 721 | 463 | 580 | 619 | 196 | 862 |
| 591 | 465 | 332 | 619 | 477 | 867 |
| 137 | 467 | 380 | 625 | 664 | 878 |
| 503 | 475 | 423 | 632 | 109 | 879 |
| 319 | 475 | 241 | 634 | 456 | 893 |
| 643 | 489 | 4 | 638 | 164 | 895 |
| 447 | 498 | 392 | 641 | 44 | 898 |
| 597 | 502 | 466 | 660 | 573 | 909 |
| 428 | 505 | 469 | 664 | 64 | 910 |
| 128 | 507 | 112 | 669 | 36 | 911 |
| 584 | 507 | 544 | 686 | 40 | 915 |

| 区域名称 | 居住人口数量 | 区域名称 | 居住人口数量 | 区域名称 | 居住人口数量 |
|---|---|---|---|---|---|
| 352 | 509 | 43 | 697 | 214 | 923 |
| 407 | 512 | 198 | 707 | 273 | 935 |
| 343 | 525 | 280 | 712 | 315 | 951 |
| 266 | 531 | 271 | 715 | 663 | 967 |
| 245 | 532 | 177 | 721 | 344 | 972 |
| 680 | 535 | 656 | 725 | 612 | 982 |
| 304 | 537 | 166 | 725 | 669 | 990 |
| 719 | 541 | 135 | 728 | 692 | 995 |
| 510 | 548 | 679 | 734 | 322 | 1004 |
| 527 | 550 | 141 | 734 | 239 | 1036 |
| 489 | 550 | 399 | 740 | 448 | 1038 |
| 258 | 554 | 716 | 750 | 482 | 1040 |
| 713 | 1060 | 650 | 1445 | 318 | 2182 |
| 105 | 1067 | 293 | 1455 | 386 | 2187 |
| 205 | 1068 | 607 | 1460 | 571 | 2197 |
| 183 | 1109 | 694 | 1461 | 487 | 2205 |
| 690 | 1109 | 695 | 1481 | 565 | 2206 |
| 522 | 1135 | 181 | 1484 | 160 | 2235 |
| 617 | 1139 | 363 | 1495 | 570 | 2250 |
| 46 | 1152 | 538 | 1501 | 348 | 2266 |
| 351 | 1163 | 590 | 1535 | 62 | 2280 |
| 300 | 1163 | 97 | 1544 | 682 | 2285 |
| 269 | 1165 | 452 | 1554 | 299 | 2329 |
| 247 | 1172 | 72 | 1558 | 110 | 2366 |
| 620 | 1178 | 229 | 1593 | 636 | 2372 |
| 364 | 1181 | 566 | 1627 | 602 | 2447 |
| 88 | 1189 | 718 | 1633 | 486 | 2451 |
| 462 | 1197 | 231 | 1648 | 289 | 2504 |

| 区域名称 | 居住人口数量 | 区域名称 | 居住人口数量 | 区域名称 | 居住人口数量 |
|---|---|---|---|---|---|
| 125 | 1197 | 367 | 1648 | 339 | 2542 |
| 526 | 1200 | 225 | 1670 | 206 | 2583 |
| 381 | 1202 | 297 | 1672 | 153 | 2607 |
| 440 | 1209 | 646 | 1699 | 704 | 2613 |
| 42 | 1224 | 338 | 1747 | 660 | 2618 |
| 476 | 1229 | 73 | 1771 | 521 | 2621 |
| 523 | 1231 | 262 | 1800 | 555 | 2631 |
| 619 | 1246 | 172 | 1806 | 103 | 2679 |
| 150 | 1259 | 460 | 1820 | 637 | 2745 |
| 520 | 1267 | 337 | 1823 | 67 | 2745 |
| 370 | 1272 | 178 | 1854 | 613 | 2753 |
| 25 | 1276 | 471 | 1876 | 604 | 2785 |
| 648 | 1277 | 353 | 1894 | 457 | 2826 |
| 558 | 1280 | 308 | 1944 | 700 | 2893 |
| 346 | 1294 | 564 | 1944 | 145 | 2913 |
| 589 | 1302 | 659 | 1983 | 688 | 2966 |
| 652 | 1310 | 68 | 1989 | 87 | 2996 |
| 483 | 1311 | 244 | 2010 | 393 | 3029 |
| 494 | 1338 | 419 | 2026 | 651 | 3043 |
| 228 | 1391 | 592 | 2113 | 655 | 4128 |
| 665 | 1419 | 559 | 2125 | 662 | 4255 |
| 292 | 1421 | 349 | 2149 | 488 | 4256 |
| 133 | 1427 | 610 | 2153 | 685 | 4609 |
| 302 | 1429 | 284 | 2176 | 98 | 4731 |
| 689 | 3899 | 347 | 4478 | 530 | 4872 |
| 94 | 3200 | 362 | 5264 | 321 | 3868 |
| 3 | 3296 | 603 | 5344 | 534 | 3876 |
| 93 | 3437 | 709 | 5408 | 358 | 3075 |

| 区域名称 | 居住人口数量 | 区域名称 | 居住人口数量 | 区域名称 | 居住人口数量 |
|---|---|---|---|---|---|
| 401 | 3472 | 647 | 5510 | 158 | 4317 |
| 169 | 3502 | 130 | 5524 | 435 | 3187 |
| 324 | 3505 | 13 | 6836 | 397 | 3855 |
| 491 | 3546 | 328 | 8284 | 74 | 3777 |
| 378 | 3547 | 413 | 11723 | 525 | 3848 |
| 728 | 3617 | 256 | 12515 | 708 | 3148 |
| 142 | 3683 | 429 | 1380 | 556 | 3162 |
| 711 | 3688 | 240 | 2088 | 274 | 3761 |
| 594 | 3735 | 23 | 3094 | 714 | 3098 |

## 附录 B　河东区部分配套设施（规划院设施与 POI 数据融合）（2018 年）

| POI 设施名 | 地址 | 设施名称 | 设施类别 |
|---|---|---|---|
| 阳光双语幼儿园（詹安路） | 詹安路 | 幼儿园 | 社区服务设施 |
| 华夏之星幼儿园东丽双语园 | 雪莲南路98-17号 | 幼儿园 | 社区服务设施 |
| 东丽之光艺术幼儿园 | 雪莲南路98-13号附近 | 幼儿园 | 社区服务设施 |
| 河东区第二十四幼儿园 | 2号桥建新东里 | 幼儿园 | 社区服务设施 |
| 可爱蜗幼儿园 | 娄山道附近 | 幼儿园 | 社区服务设施 |
| 金航标幼儿园 | 双东路4附近 | 幼儿园 | 社区服务设施 |
| 福东里幼儿园 | 2号桥 | 幼儿园 | 社区服务设施 |
| 爱德恩早教（河东店） | 中山门友爱南里1号门201室 | 幼儿园 | 社区服务设施 |
| 小天使幼儿园（广瑞路） | 广瑞路12号 | 幼儿园 | 社区服务设施 |
| 河东七幼分园 | 大直沽八纬北路82中学旁 | 幼儿园 | 社区服务设施 |
| 小太阳婴幼园 | 八纬北路18附近 | 幼儿园 | 社区服务设施 |
| 宝宝秀双语幼儿园（天山南路） | 玉龙花园别墅2号 | 幼儿园 | 社区服务设施 |
| 宏保艺术启飞幼儿园 | 天山南路泰通公寓后 | 幼儿园 | 社区服务设施 |

| POI 设施名 | 地址 | 设施名称 | 设施类别 |
|---|---|---|---|
| 河东第十三幼儿园 | 万辛庄大街 163 号 | 幼儿园 | 社区服务设施 |
| 童乐艺幼儿园 | 天山南路 10 附近 | 幼儿园 | 社区服务设施 |
| 未来之星双语幼儿园 | 北长路 26 号 | 幼儿园 | 社区服务设施 |
| 向日葵幼儿园（成林道） | 成林道 83 附近 | 幼儿园 | 社区服务设施 |
| 亲自然幼儿园 | 天泉东里 4 号楼 | 幼儿园 | 社区服务设施 |
| 彩虹幼儿园（嵩山道） | 嵩山道附近 | 幼儿园 | 社区服务设施 |
| 河东二十幼儿园<br>（天山西路） | 昆仑路 | 幼儿园 | 社区服务设施 |
| 新悦幼稚园 | 万新村天山路 | 幼儿园 | 社区服务设施 |
| 华英星辰幼儿园 | 晨阳道 7-8 附近 | 幼儿园 | 社区服务设施 |
| 金山茉莉花开 | 卫国道 49 号（金色<br>家园内）（近顺驰桥） | 幼儿园 | 社区服务设施 |
| 小博士基地第三幼儿园 | 祁山路 1 号附近 | 幼儿园 | 社区服务设施 |
| 阳光双语幼儿园<br>（顺达公寓西） | 卫国道顺航路 | 幼儿园 | 社区服务设施 |
| 剑桥双语艺术幼儿园 | 恒山路 2 号 | 幼儿园 | 社区服务设施 |
| 小博士基地幼儿园二园 | 恒山路 2 号 | 幼儿园 | 社区服务设施 |
| 羽弈国际象棋幼儿园 | 上杭花园 2-3-102 | 幼儿园 | 社区服务设施 |
| 金摇篮亲子园 | 道万春花园会馆内 | 幼儿园 | 社区服务设施 |
| 金拇指双语幼儿园 | 天山北路 | 幼儿园 | 社区服务设施 |
| 天津电力幼儿园 | 真理道王串场 19 段 | 幼儿园 | 社区服务设施 |
| 幼儿之家河北分园 | 正义道附近 | 幼儿园 | 社区服务设施 |
| 翰英双语幼儿乐园 | 靖江路 15 号 | 幼儿园 | 社区服务设施 |
| 红太阳幼儿园（龙山道） | 龙山道 | 幼儿园 | 社区服务设施 |
| 河北第八幼儿园 | 幸福道 35 号 | 幼儿园 | 社区服务设施 |
| 园中园幼儿园 | 富强道附近 | 幼儿园 | 社区服务设施 |
| 五号路三幼 | 盛宇里 | 幼儿园 | 社区服务设施 |
| 天津市河北区五幼 | 王串场街富强道 7 号 | 幼儿园 | 社区服务设施 |
| 栋梁双语幼儿园 | 顺驰太阳城凤山商业广场<br>A-203 | 幼儿园 | 社区服务设施 |

| POI 设施名 | 地址 | 设施名称 | 设施类别 |
|---|---|---|---|
| 爱丁堡双语幼儿园 | 顺驰太阳城凤山商业广场 A1-102 | 幼儿园 | 社区服务设施 |
| 东方爱婴（体园路） | 体园路 553 附近 | 幼儿园 | 社区服务设施 |
| 天津第二幼师 | 增产道 17 附近 | 幼儿园 | 社区服务设施 |
| 金色摇篮幼儿园（增产道） | 王串场增产道 | 幼儿园 | 社区服务设施 |
| 育红双语托管教育 | 增产道附近 | 幼儿园 | 社区服务设施 |
| — | — | 幼儿园 | 社区服务设施 |
| — | — | 幼儿园 | 社区服务设施 |
| — | — | 幼儿园 | 社区服务设施 |
| — | — | 幼儿园 | 社区服务设施 |
| — | — | 幼儿园 | 社区服务设施 |
| — | — | 幼儿园 | 社区服务设施 |
| — | — | 幼儿园 | 社区服务设施 |
| — | — | 幼儿园 | 社区服务设施 |
| — | — | 幼儿园 | 社区服务设施 |
| — | — | 幼儿园 | 社区服务设施 |
| — | — | 幼儿园 | 社区服务设施 |
| — | — | 幼儿园 | 社区服务设施 |
| — | — | 幼儿园 | 社区服务设施 |
| — | — | 幼儿园 | 社区服务设施 |
| — | — | 幼儿园 | 社区服务设施 |
| — | — | 幼儿园 | 社区服务设施 |
| — | — | 幼儿园 | 社区服务设施 |
| — | — | 幼儿园 | 社区服务设施 |
| — | — | 幼儿园 | 社区服务设施 |
| — | — | 幼儿园 | 社区服务设施 |
| — | — | 幼儿园 | 社区服务设施 |
| — | — | 幼儿园 | 社区服务设施 |
| — | — | 幼儿园 | 社区服务设施 |

| POI 设施名 | 地址 | 设施名称 | 设施类别 |
|---|---|---|---|
| — | — | 幼儿园 | 社区服务设施 |
| — | — | 幼儿园 | 社区服务设施 |
| — | — | 幼儿园 | 社区服务设施 |
| — | — | 幼儿园 | 社区服务设施 |
| — | — | 幼儿园 | 社区服务设施 |
| — | — | 幼儿园 | 社区服务设施 |
| 育才棒球运动 | 富民路 65 号光华公寓 1-106 号 | 小型多功能运动（球类）场地 | 社区服务设施 |
| 骐宇运动中心羽毛球馆 | 富民路 116 号甲 1 号（富园公寓院内） | 小型多功能运动（球类）场地 | 社区服务设施 |
| 兄弟球场 | 麻纺厂路 | 小型多功能运动（球类）场地 | 社区服务设施 |
| 新城市广场足球场 | 新城市广场院内 | 小型多功能运动（球类）场地 | 社区服务设施 |
| 新城市广场室内网球馆 | 新城市广场院内 | 小型多功能运动（球类）场地 | 社区服务设施 |
| 中山门篮球场 | 中山门二号路中山门公园内（近轻轨站） | 小型多功能运动（球类）场地 | 社区服务设施 |
| 天津市乒乓球中心 | 津塘路 52 号河东体育中心 3 层 | 小型多功能运动（球类）场地 | 社区服务设施 |
| 羽毛球馆 | 八纬路 100 号全民健身活动中心 | 小型多功能运动（球类）场地 | 社区服务设施 |
| 绿茵传奇室内足球场 | 红星路 180 号（近工业大学、天津市行政许可中心西南侧） | 小型多功能运动（球类）场地 | 社区服务设施 |
| 河东羽毛球馆 | 华龙道三毛艺术学校院内（120 急救中心对面） | 小型多功能运动（球类）场地 | 社区服务设施 |
| — | — | 室外综合健身场地（含老年户外活动场地） | 社区服务设施 |
| — | — | 室外综合健身场地（含老年户外活动场地） | 社区服务设施 |
| — | — | 室外综合健身场地（含老年户外活动场地） | 社区服务设施 |
| — | — | 室外综合健身场地（含老年户外活动场地） | 社区服务设施 |

续表

| POI 设施名 | 地址 | 设施名称 | 设施类别 |
|---|---|---|---|
| 一 | 一 | 室外综合健身场地<br>（含老年户外活动场地） | 社区服务设施 |
| 一 | 一 | 室外综合健身场地<br>（含老年户外活动场地） | 社区服务设施 |
| 天津市河东区万新庄<br>废品回收站 | 月牙河北路附近 | 生活垃圾收集站 | 社区服务设施 |
| 乐美自选商店 | 福山路 32 号 | 社区商业网点（超市、药店、<br>洗衣店、美发店等） | 社区服务设施 |
| 新立街崔家码头村卫生室 | 福山路附近 | 社区商业网点（超市、药店、<br>洗衣店、美发店等） | 社区服务设施 |
| 丽贸精品水果 | 先锋路附近 | 社区商业网点（超市、药店、<br>洗衣店、美发店等） | 社区服务设施 |
| 福莱尔天津特约维修站 | 福山路 28 号 | 社区商业网点（超市、药店、<br>洗衣店、美发店等） | 社区服务设施 |
| 天津农商银行 ATM<br>（东丽先锋公寓分理处） | 先锋路 5 号 | 社区商业网点（超市、药店、<br>洗衣店、美发店等） | 社区服务设施 |
| 东丽区人口和计划生育<br>服务分中心 | 先锋路 7 号 | 社区商业网点（超市、药店、<br>洗衣店、美发店等） | 社区服务设施 |
| 东丽区生殖健康服务中心 | 先锋路 7 号 | 社区商业网点（超市、药店、<br>洗衣店、美发店等） | 社区服务设施 |
| 世纪家家福超市<br>（旺盛胡同一条） | 丰年村 | 社区商业网点（超市、药店、<br>洗衣店、美发店等） | 社区服务设施 |
| 鸿远家电维修 | 先锋路 5 号 | 社区商业网点（超市、药店、<br>洗衣店、美发店等） | 社区服务设施 |
| 辛庄村委会 | 繁荣大街辛庄村委会附近 | 社区服务站（含居委会、治安<br>联防站、残疾人康复室） | 社区服务设施 |
| 天津市东丽区物业管理<br>办公室 | 先锋路 19 号 | 社区服务站（含居委会、治安<br>联防站、残疾人康复室） | 社区服务设施 |
| 天津市东丽区万新街道潘庄<br>社区管理委员会 | 詹庄子路附近 | 社区服务站（含居委会、治安<br>联防站、残疾人康复室） | 社区服务设施 |
| 天津市东丽区张贵庄街办事<br>处招远路社区居委会 | 詹滨里南区内 | 社区服务站（含居委会、治安<br>联防站、残疾人康复室） | 社区服务设施 |
| 潘庄村党支部 | 电传所路潘庄村委会附近 | 社区服务站（含居委会、治安<br>联防站、残疾人康复室） | 社区服务设施 |

| POI 设施名 | 地址 | 设施名称 | 设施类别 |
|---|---|---|---|
| 富民路街道滨河新苑社区居民委员会 | 富民路滨河小区 33 号万隆滨河新苑 | 社区服务站（含居委会、治安联防站、残疾人康复室） | 社区服务设施 |
| 二号桥街道建新东里一社区居民委员会 | 建新东里 2 附近 | 社区服务站（含居委会、治安联防站、残疾人康复室） | 社区服务设施 |
| 福东北里社区党总支委员会 | 建东道福中园附近 | 社区服务站（含居委会、治安联防站、残疾人康复室） | 社区服务设施 |
| 中山门街道友爱南里社区居民委员会 | 中山门一号路附近 | 社区服务站（含居委会、治安联防站、残疾人康复室） | 社区服务设施 |
| 中山门街道友爱东里社区居民委员会 | 广宁路附近 | 社区服务站（含居委会、治安联防站、残疾人康复室） | 社区服务设施 |
| 中山门街道试验楼社区居民委员会 | 试验楼平房 4 | 社区服务站（含居委会、治安联防站、残疾人康复室） | 社区服务设施 |
| 中山门街道团结东里社区居民委员会 | 广宁路 20 号团结东里 | 社区服务站（含居委会、治安联防站、残疾人康复室） | 社区服务设施 |
| 中山门街道民族园社区居民委员会 | 龙潭路 | 社区服务站（含居委会、治安联防站、残疾人康复室） | 社区服务设施 |
| — | — | 老年人日间照料中心（托老所） | 社区服务设施 |
| — | — | 老年人日间照料中心（托老所） | 社区服务设施 |
| — | — | 老年人日间照料中心（托老所） | 社区服务设施 |
| — | — | 老年人日间照料中心（托老所） | 社区服务设施 |
| — | — | 老年人日间照料中心（托老所） | 社区服务设施 |
| — | — | 老年人日间照料中心（托老所） | 社区服务设施 |
| — | — | 老年人日间照料中心（托老所） | 社区服务设施 |
| 公厕 | 海河东路附近 | 公共厕所 | 社区服务设施 |
| 公共厕所 | 海河东路附近 | 公共厕所 | 社区服务设施 |
| 公厕 | 跃进路 48 号附近 | 公共厕所 | 社区服务设施 |
| 公共厕所 | 电传所路和旺盛胡同一条的交叉口附近 | 公共厕所 | 社区服务设施 |
| 公共厕所 | 兴安大街附近 | 公共厕所 | 社区服务设施 |
| 中国邮政（跃进路） | 跃进路 46 号附近 | 邮政营业场所 | 商业服务业设施 |
| 詹滨西里邮电所 | 张贵庄 | 邮政营业场所 | 商业服务业设施 |

| POI 设施名 | 地址 | 设施名称 | 设施类别 |
|---|---|---|---|
| 二号桥邮电所 | 2 号桥 | 邮政营业场所 | 商业服务业设施 |
| 中国邮政（中山门二号路） | 和睦西里 2 号楼底商 | 邮政营业场所 | 商业服务业设施 |
| 汇贤里邮电所 | 大桥道 | 邮政营业场所 | 商业服务业设施 |
| 天星河畔广场邮电所 | 十一经路 81 号天星河畔广场 | 邮政营业场所 | 商业服务业设施 |
|  |  | 邮政营业场所 | 商业服务业设施 |
|  |  | 邮政营业场所 | 商业服务业设施 |
| 天津农商银行（东丽先锋公寓分理处） | 先锋路 5 号 | 银行营业网点 | 商业服务业设施 |
| 天津农商银行（东丽中心支行） | 栖霞道 50 号 | 银行营业网点 | 商业服务业设施 |
| 中国农业银行（招远路储蓄所） | 张贵庄招远路 | 银行营业网点 | 商业服务业设施 |
| 滨海农村商业银行（东丽支行） | 栖霞道 54 号 | 银行营业网点 | 商业服务业设施 |
| 中国邮政储蓄银行（詹滨西里支行） | 利津路 94 号 | 银行营业网点 | 商业服务业设施 |
| 中国建设银行（滨河小区储蓄所） | 富民路 33 号 | 银行营业网点 | 商业服务业设施 |
| 中国农业银行（河东支行滨河分理处） | 郑庄子滨河小区内 | 银行营业网点 | 商业服务业设施 |
| 中国建设银行（天津利津路储蓄所） | 利津路 39 号 | 银行营业网点 | 商业服务业设施 |
| 东丽商场 | 跃进路 39 号 | 商场 | 商业服务业设施 |
| 富民百货经营部 | 富民路 120 号 | 商场 | 商业服务业设施 |
| 乐易购商业购物广场 | 中山门新村中心南道 7 号（近中山门公园） | 商场 | 商业服务业设施 |
| 东达国际商贸中心 | 大桥道 | 商场 | 商业服务业设施 |
| 新生活广场（南门） | 十一经路和六纬路交口 | 商场 | 商业服务业设施 |
| 恒福商贸 | 六纬路 85 号增 3 号万隆中心大厦 A 座 | 商场 | 商业服务业设施 |
| 新时尚服装百货店 | 天山路 23 号 | 商场 | 商业服务业设施 |

| POI 设施名 | 地址 | 设施名称 | 设施类别 |
|---|---|---|---|
| 中邮普泰 | 七纬路 35 号 | 商场 | 商业服务业设施 |
| 酷开办（七十七店） | 永宁路 | 商场 | 商业服务业设施 |
| 永安百货购物中心 | 建国道 1 号龙门大厦内 | 商场 | 商业服务业设施 |
| 非尚购物广场 | 天山路 | 商场 | 商业服务业设施 |
| 未来广场购物中心 | 新开路华越道 1 号 | 商场 | 商业服务业设施 |
| 嘉华东安商业广场 | 凤亭路 5 号 | 商场 | 商业服务业设施 |
| 鑫龙商场 | 江都路街道镇江里 32-3 号 | 商场 | 商业服务业设施 |
| 万松商厦 | 金钟河大街 | 商场 | 商业服务业设施 |
| 中国移动东丽朗鑫通特约代理点 | 华顺路 18 号 | 电信营业网点 | 商业服务业设施 |
| 国家电网（天津东丽供电营业厅） | 先锋路 26 号附近 | 电信营业网点 | 商业服务业设施 |
| 大鹏通讯（富民路） | 富民路 | 电信营业网点 | 商业服务业设施 |
| 中国联通四海吉通商贸合作厅 | 詹滨西里底商 | 电信营业网点 | 商业服务业设施 |
| 中国电信（栖霞道合作厅） | 栖霞路詹滨西里 41 号楼底商 3 门 | 电信营业网点 | 商业服务业设施 |
| 中国移动（利津路营业厅） | 利津路与栖霞路交口詹滨西里 41 号楼底商 1 号 | 电信营业网点 | 商业服务业设施 |
| 中国电信（滨河业务厅） | 富民路 116-120 号 | 电信营业网点 | 商业服务业设施 |
| 中国联通滨河营业厅 | 富民路 116-120 号附近 | 电信营业网点 | 商业服务业设施 |
| 中国移动（深圳利津路营业厅） | 利津路 52 号 | 电信营业网点 | 商业服务业设施 |
| 天津广电网络（张贵庄营业厅） | 近郊东丽区津塘路辅路 | 电信营业网点 | 商业服务业设施 |
| 中国电信（慧兴源合作厅） | 近郊兴业里底商（近慧兴源合作厅） | 电信营业网点 | 商业服务业设施 |
| 慧兴源通信津塘公路店 | 利津路 38 号附近 | 电信营业网点 | 商业服务业设施 |
| 中国联通（上东一街营业厅） | 上东一街 4-1-7 号 | 电信营业网点 | 商业服务业设施 |
| 中国移动（星河指定专营店） | 跃进路 41 号附近 | 电信营业网点 | 商业服务业设施 |
| 郝吃包子铺 | 先锋路 2 号 | 餐饮设施 | 商业服务业设施 |

续表

| POI 设施名 | 地址 | 设施名称 | 设施类别 |
|---|---|---|---|
| 清水酒家 | 张贵庄 | 餐饮设施 | 商业服务业设施 |
| 隆盛德饭庄（招远路） | 先锋路 | 餐饮设施 | 商业服务业设施 |
| 金宏盛餐厅 | 先锋路 16 号 | 餐饮设施 | 商业服务业设施 |
| 家宾客餐厅 | 先锋路与跃进路交口附近 | 餐饮设施 | 商业服务业设施 |
| 面面相聚 | 先锋路 35 号<br>（油田二中斜对面） | 餐饮设施 | 商业服务业设施 |
| 福睿德饺子园 | 近郊东丽区利津路 13 号 | 餐饮设施 | 商业服务业设施 |
| 汇金泰 | 福山路 8 号附近 | 餐饮设施 | 商业服务业设施 |
| 海悦鲜酒家 | 利津路 110 号 | 餐饮设施 | 商业服务业设施 |
| 荣华酒楼 | 近郊利津路 108 号 | 餐饮设施 | 商业服务业设施 |
| 嘉祥活鱼馆 | 津塘二线詹庄子路蓝天<br>假日旁 | 餐饮设施 | 商业服务业设施 |
| 醉湘酌 | 利津路 | 餐饮设施 | 商业服务业设施 |
| 李先生（天津东丽餐厅） | 利津路 102 号 | 餐饮设施 | 商业服务业设施 |
| 璐璐餐厅 | 栖霞道 50 号附近 | 餐饮设施 | 商业服务业设施 |
| 久湘馆 | 利津路 96 号（近邮局） | 餐饮设施 | 商业服务业设施 |
| 浓香涮涮锅（十一经路店） | 十一经路华润超市 1 楼<br>台湾美食工坊 | 餐饮设施 | 商业服务业设施 |
| 韩国菜餐厅（利津路店） | 利津路 73 号 | 餐饮设施 | 商业服务业设施 |
| 彩丽菜市场 | 彩丽环路附近 | 菜市场或生鲜超市 | 商业服务业设施 |
| 靖江路菜市场 | 金山道与靖江路交叉北 | 菜市场或生鲜超市 | 商业服务业设施 |
| 华润万家便利店<br>（彩丽北道分店） | 彩丽北道 2 号 | 菜市场或生鲜超市 | 商业服务业设施 |
| 华润万家便利超市<br>（王串场店） | 王串场二十一段宇翠里 9<br>号楼 1 层 | 菜市场或生鲜超市 | 商业服务业设施 |
| 江都路社区海门菜市场<br>（泰兴路） | 泰兴路 | 菜市场或生鲜超市 | 商业服务业设施 |
| 华润万家便利超市<br>（增产道店） | 江都路如东道 2 号 | 菜市场或生鲜超市 | 商业服务业设施 |
| 王串场社区菜市场 | 王串场五号路<br>（玖号网咖对面） | 菜市场或生鲜超市 | 商业服务业设施 |

| POI 设施名 | 地址 | 设施名称 | 设施类别 |
|---|---|---|---|
| 江都路社区海门菜市场（泰兴公寓东北） | 大江路 | 菜市场或生鲜超市 | 商业服务业设施 |
| 华润万家便利超市（增产道店） | 增产道 59 号 | 菜市场或生鲜超市 | 商业服务业设施 |
| 革新道便民菜市场 | 革新道 14 号革新道 | 菜市场或生鲜超市 | 商业服务业设施 |
| — | — | 菜市场或生鲜超市 | 商业服务业设施 |
| — | — | 菜市场或生鲜超市 | 商业服务业设施 |
| — | — | 菜市场或生鲜超市 | 商业服务业设施 |
| — | — | 菜市场或生鲜超市 | 商业服务业设施 |
| — | — | 菜市场或生鲜超市 | 商业服务业设施 |
| — | — | 菜市场或生鲜超市 | 商业服务业设施 |
| — | — | 菜市场或生鲜超市 | 商业服务业设施 |
| 富民路公交站 | 316 路 | 公交车站 | 交通场站 |
| 富民路公交站 | 867 路 | 公交车站 | 交通场站 |
| 富民路公交站 | 908 路 | 公交车站 | 交通场站 |
| 富民路公交站 | 观光 1 路 | 公交车站 | 交通场站 |
| 万新村南公交站 | 32 路 | 公交车站 | 交通场站 |
| 万新村南公交站 | 371 路 | 公交车站 | 交通场站 |
| 万新村南公交站 | 817 路 | 公交车站 | 交通场站 |
| 万新村南公交站 | 819 路 | 公交车站 | 交通场站 |
| 万新村北公交站 | 339 路 | 公交车站 | 交通场站 |
| 万新村北公交站 | 341 路 | 公交车站 | 交通场站 |
| 万新村北公交站 | 836 路 | 公交车站 | 交通场站 |
| 天津市河东区益寿养老院 | 天山西路 | 养老院 | 公共管理和公共服务设施 |
| 于厂清真寺养老院 | 幸福道与海门路交叉口 | 养老院 | 公共管理和公共服务设施 |
| 瀞雅养老院 | 昆山道 2 号附近 | 养老院 | 公共管理和公共服务设施 |

| POI 设施名 | 地址 | 设施名称 | 设施类别 |
|---|---|---|---|
| 天意养老院 | 王串场四号路 2 号 – 增 2 号 | 养老院 | 公共管理和公共服务设施 |
| 玉泉敬老院 | 博山道附近 | 养老院 | 公共管理和公共服务设施 |
| — | — | 养老院 | 公共管理和公共服务设施 |
| — | — | 养老院 | 公共管理和公共服务设施 |
| — | — | 养老院 | 公共管理和公共服务设施 |
| — | — | 养老院 | 公共管理和公共服务设施 |
| — | — | 养老院 | 公共管理和公共服务设施 |
| — | — | 养老院 | 公共管理和公共服务设施 |
| 天津市东丽区实验小学 | 先锋路 23 号 | 小学 | 公共管理和公共服务设施 |
| 东郊区万新庄乡吴咀村小学校 | 建设大街 46 号 | 小学 | 公共管理和公共服务设施 |
| 汪庄子小学 | 富民路 15 号 | 小学 | 公共管理和公共服务设施 |
| 天津市河东区松竹里小学 | 富民路 72 号 | 小学 | 公共管理和公共服务设施 |
| 振华里小学 | 津塘公路 233 号 | 小学 | 公共管理和公共服务设施 |
| 河东区二号桥小学 | 电传所路 9 号（近建新楼） | 小学 | 公共管理和公共服务设施 |
| 天津市东丽区文化馆 | 张贵庄 | 文化活动中心（含青少年、老年活动中心） | 公共管理和公共服务设施 |
| 天津市第二工人文化宫（津塘路） | 光华路 2 号 | 文化活动中心（含青少年、老年活动中心） | 公共管理和公共服务设施 |
| 河东区少年宫 | 新开路华龙道 78 号 | 文化活动中心（含青少年、老年活动中心） | 公共管理和公共服务设施 |

| POI 设施名 | 地址 | 设施名称 | 设施类别 |
|---|---|---|---|
| — | — | 文化活动中心<br>（含青少年、老年活动中心） | 公共管理和<br>公共服务设施 |
| 河东区富民路街社区卫生<br>服务中心 | 富民路 116 号甲 1 号 | 卫生服务中心（社区医院） | 公共管理和<br>公共服务设施 |
| 东丽区程林街卫生院 | 程林街增兴窑卧龙路 52 号<br>增 1 号 | 卫生服务中心（社区医院） | 公共管理和<br>公共服务设施 |
| 万新街社区卫生服务中心 | 卧龙路 52 号增 1 号 | 卫生服务中心（社区医院） | 公共管理和<br>公共服务设施 |
| 上杭路社区卫生服务中心 | 万辛庄大街 200 号<br>上杭路街 | 卫生服务中心（社区医院） | 公共管理和<br>公共服务设施 |
| 天津市东丽区文化馆 | 张贵庄 | 文化活动中心<br>（含青少年、老年活动中心） | 公共管理和<br>公共服务设施 |
| 天津市第二工人文化宫<br>（津塘路） | 光华路 2 号 | 文化活动中心<br>（含青少年、老年活动中心） | 公共管理和<br>公共服务设施 |
| 河东区少年宫 | 新开路华龙道 78 号 | 文化活动中心<br>（含青少年、老年活动中心） | 公共管理和<br>公共服务设施 |
| — | — | 文化活动中心<br>（含青少年、老年活动中心） | 公共管理和<br>公共服务设施 |
| 河东区富民路街社区卫生<br>服务中心 | 富民路 116 号甲 1 号 | 卫生服务中心（社区医院） | 公共管理和<br>公共服务设施 |
| — | — | 司法所 | 公共管理和<br>公共服务设施 |
| — | — | 司法所 | 公共管理和<br>公共服务设施 |
| — | — | 司法所 | 公共管理和<br>公共服务设施 |
| — | — | 司法所 | 公共管理和<br>公共服务设施 |
| — | — | 司法所 | 公共管理和<br>公共服务设施 |
| 张贵庄街社区服务中心 | 招远路 9 号 | 社区服务中心（街道级） | 公共管理和<br>公共服务设施 |
| 富民路街道劳动保障<br>服务中心 | 郑庄子 | 社区服务中心（街道级） | 公共管理和<br>公共服务设施 |

| POI 设施名 | 地址 | 设施名称 | 设施类别 |
|---|---|---|---|
| 富民路街道综治信访服务中心 | 海河东路附近 | 社区服务中心（街道级） | 公共管理和公共服务设施 |
| 二号桥街行政服务中心 | 地毯厂路 18 院 | 社区服务中心（街道级） | 公共管理和公共服务设施 |
| 河东区中山门街道总工会 | 四号路平房 2 号 | 社区服务中心（街道级） | 公共管理和公共服务设施 |
| 华康门诊 | 栖霞道附近 | 门诊部 | 公共管理和公共服务设施 |
| 康桐仪门诊部 | 津塘路附近 | 门诊部 | 公共管理和公共服务设施 |
| 天津河东喜发口腔门诊部 | 二号桥建新东里东楼 1 门 103 室 | 门诊部 | 公共管理和公共服务设施 |
| 天津河东健馨中医门诊部 | 詹庄子路 2 号 | 门诊部 | 公共管理和公共服务设施 |
| 福康门诊部 | 二号桥红旗巷 3-1-101 号 | 门诊部 | 公共管理和公共服务设施 |
| 立兴门诊部 | 友爱南里 16-5 号附近 | 门诊部 | 公共管理和公共服务设施 |
| 天津三源文化体育中心 | 六纬路 70 号 | 大型多功能运动场地 | 公共管理和公共服务设施 |
| — | — | 大型多功能运动场地 | 公共管理和公共服务设施 |
| 天津市河东区福东中学 | 耐火路 9 号附近 | 初中 | 公共管理和公共服务设施 |
| 天津市正华中学 | 幸福道 27 号 | 初中 | 公共管理和公共服务设施 |
| — | — | 初中 | 公共管理和公共服务设施 |
| — | — | 初中 | 公共管理和公共服务设施 |
| — | — | 初中 | 公共管理和公共服务设施 |
| — | — | 初中 | 公共管理和公共服务设施 |

| POI 设施名 | 地址 | 设施名称 | 设施类别 |
|---|---|---|---|
| — | — | 初中 | 公共管理和公共服务设施 |
| 天津三源文化体育中心 | 六纬路 70 号 | 大型多功能运动场地 | 公共管理和公共服务设施 |
| — | — | 大型多功能运动场地 | 公共管理和公共服务设施 |

## 附录 C 河东区"15 分钟社区生活圈"配套设施现状布局水平评估表

| 各级评估单元 | 设施类型覆盖达标率 | | | | |
|---|---|---|---|---|---|
| | 大型多功能运动场地 | 卫生服务中心（社区医院） | 社区服务中心（街道级） | 司法所 | 餐饮设施 |
| 河东区 | 76.09% | 67.53% | 82.34% | 48.23% | 99.46% |
| 春华街道 | 96.72% | 73.77% | 54.10% | 37.70% | 100.00% |
| 常州道街道 | 55.74% | 54.10% | 77.05% | 50.82% | 100.00% |
| 鲁山道街道 | 58.54% | 90.24% | 87.80% | 63.41% | 100.00% |
| 唐家口街道 | 91.80% | 49.18% | 45.90% | 31.15% | 100.00% |
| 向阳楼街道 | 45.59% | 75.00% | 60.29% | 35.29% | 100.00% |
| 东新街道 | 100.00% | 83.33% | 97.62% | 50.00% | 100.00% |
| 上杭路街道 | 65.85% | 70.73% | 85.37% | 63.41% | 100.00% |
| 大王庄街道 | 56.73% | 75.00% | 100.00% | 49.04% | 100.00% |
| 大直沽街道 | 93.42% | 55.26% | 98.68% | 72.37% | 100.00% |
| 中山门街道 | 98.41% | 93.65% | 100.00% | 52.38% | 100.00% |
| 富民路街道 | 67.50% | 47.50% | 82.50% | 20.00% | 100.00% |
| 二号桥街道 | 87.18% | 50.00% | 89.74% | 48.72% | 94.87% |
| 社区生活圈 | | | | | |
| I-1 | 94.44% | 97.22% | 58.33% | 44.44% | 100.00% |
| I-2 | 100.00% | 40.00% | 48.00% | 28.00% | 100.00% |
| I-3 | 81.82% | 87.88% | 75.76% | 84.85% | 100.00% |
| I-4 | 25.00% | 14.29% | 78.57% | 10.71% | 100.00% |

| 各级评估单元 | 设施类型覆盖达标率 | | | | |
|---|---|---|---|---|---|
| | 大型多功能运动场地 | 卫生服务中心（社区医院） | 社区服务中心（街道级） | 司法所 | 餐饮设施 |
| I-5 | 58.54% | 90.24% | 87.80% | 63.41% | 100.00% |
| I-6 | 100.00% | 50.00% | 50.00% | 5.00% | 100.00% |
| I-7 | 87.80% | 48.78% | 43.90% | 43.90% | 100.00% |
| I-8 | 72.00% | 84.00% | 72.00% | 64.00% | 100.00% |
| I-9 | 30.23% | 69.77% | 53.49% | 18.60% | 100.00% |
| II-1 | 100.00% | 83.33% | 97.62% | 50.00% | 100.00% |
| II-2 | 73.68% | 84.21% | 100.00% | 94.74% | 100.00% |
| II-3 | 100.00% | 100.00% | 100.00% | 63.64% | 100.00% |
| II-4 | 40.00% | 0.00% | 20.00% | 0.00% | 100.00% |
| II-5 | 0.00% | 33.33% | 66.67% | 16.67% | 100.00% |
| II-6 | 29.55% | 93.18% | 100.00% | 97.73% | 100.00% |
| II-7 | 76.67% | 61.67% | 100.00% | 13.33% | 100.00% |
| II-8 | 93.42% | 55.26% | 98.68% | 72.37% | 100.00% |
| II-9 | 98.41% | 93.65% | 100.00% | 52.38% | 100.00% |
| III-1 | 42.86% | 64.29% | 64.29% | 14.29% | 100.00% |
| III-2 | 80.77% | 38.46% | 92.31% | 23.08% | 100.00% |
| III-3 | 80.95% | 0.00% | 85.71% | 0.00% | 80.95% |
| III-4 | 89.47% | 68.42% | 91.23% | 66.67% | 100.00% |

| 各级评估单元 | 设施类型覆盖达标率 | | | |
|---|---|---|---|---|
| | 银行营业网点 | 电信营业网点 | 邮政营业场所 | 公交车站 |
| 河东区 | 97.96% | 89.67% | 76.49% | 98.64% |
| 春华街道 | 100.00% | 93.44% | 78.69% | 100.00% |
| 常州道街道 | 100.00% | 73.77% | 81.97% | 100.00% |
| 鲁山道街道 | 100.00% | 90.24% | 51.22% | 100.00% |

| 各级评估单元 | 设施类型覆盖达标率 | | | |
|---|---|---|---|---|
| | 银行营业网点 | 电信营业网点 | 邮政营业场所 | 公交车站 |
| 唐家口街道 | 100.00% | 93.44% | 72.13% | 100.00% |
| 向阳楼街道 | 97.06% | 95.59% | 36.76% | 100.00% |
| 东新街道 | 100.00% | 100.00% | 100.00% | 100.00% |
| 上杭路街道 | 97.56% | 75.61% | 53.66% | 97.56% |
| 大王庄街道 | 100.00% | 100.00% | 99.04% | 92.31% |
| 大直沽街道 | 100.00% | 100.00% | 88.16% | 98.68% |
| 中山门街道 | 100.00% | 96.83% | 98.41% | 100.00% |
| 富民路街道 | 95.00% | 90.00% | 72.50% | 100.00% |
| 二号桥街道 | 87.18% | 62.82% | 64.10% | 100.00% |
| 社区生活圈 | | | | |
| I-1 | 100.00% | 88.89% | 100.00% | 100.00% |
| I-2 | 100.00% | 100.00% | 48.00% | 100.00% |
| I-3 | 100.00% | 100.00% | 87.88% | 100.00% |
| I-4 | 100.00% | 42.86% | 75.00% | 100.00% |
| I-5 | 100.00% | 90.24% | 51.22% | 100.00% |
| I-6 | 100.00% | 100.00% | 100.00% | 100.00% |
| I-7 | 100.00% | 90.24% | 58.54% | 100.00% |
| I-8 | 100.00% | 100.00% | 76.00% | 100.00% |
| I-9 | 95.35% | 93.02% | 13.95% | 100.00% |
| II-1 | 100.00% | 100.00% | 100.00% | 100.00% |
| II-2 | 100.00% | 78.95% | 52.63% | 100.00% |
| II-3 | 100.00% | 63.64% | 100.00% | 100.00% |
| II-4 | 100.00% | 60.00% | 0.00% | 100.00% |
| II-5 | 83.33% | 100.00% | 16.67% | 83.33% |
| II-6 | 100.00% | 100.00% | 100.00% | 81.82% |
| II-7 | 100.00% | 100.00% | 98.33% | 100.00% |

| 各级评估单元 | 设施类型覆盖达标率 | | | |
|---|---|---|---|---|
| | 银行营业网点 | 电信营业网点 | 邮政营业场所 | 公交车站 |
| II-8 | 100.00% | 100.00% | 88.16% | 98.68% |
| II-9 | 100.00% | 96.83% | 98.41% | 100.00% |
| III-1 | 100.00% | 78.57% | 57.14% | 100.00% |
| III-2 | 92.31% | 96.15% | 80.77% | 100.00% |
| III-3 | 76.19% | 14.29% | 19.05% | 100.00% |
| III-4 | 91.23% | 80.70% | 80.70% | 100.00% |

# 附录D 河东区各"15分钟社区生活圈"配套设施现状布局水平雷达图

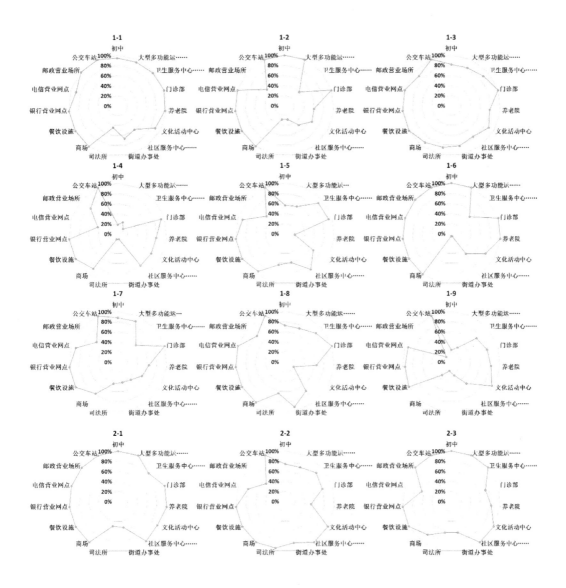

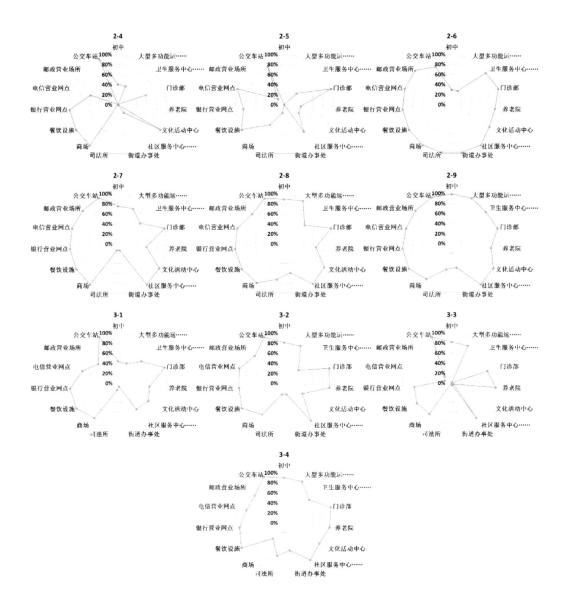

# 附录 E  河东区各街道各类配套设施现状布局水平条形图

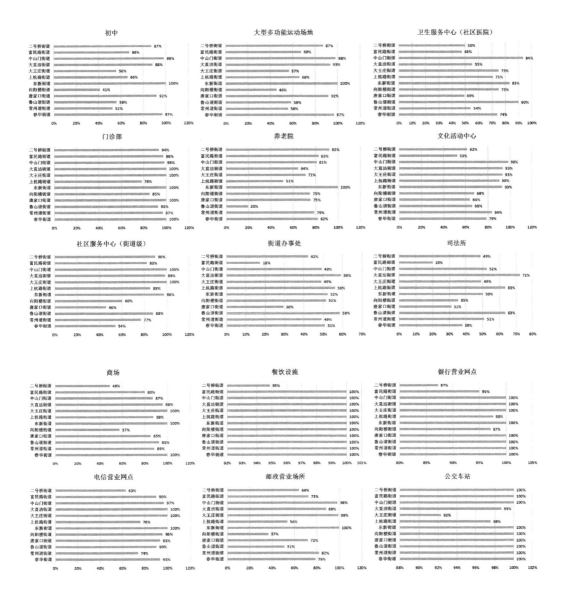

# 参考文献

［1］ 柴彦威，李春江.城市生活圈规划：从研究到实践 [J].城市规划，2019，43（05）：9-16，60.

［2］ 卢银桃，侯成哲，赵立维，王珊.15分钟公共服务水平评价方法研究 [J].规划师，2018，34（09）：106-110.

［3］ 李生勇，封松林，刘广卫，侯晓宇，徐怀宇.以信息技术深化雄安智慧城市建设 [J].中国科学院院刊，2017，32（11）：1237-1242.

［4］ 辜胜阻，杨建武，刘江日.当前我国智慧城市建设中的问题与对策 [J].中国软科学，2013（01）：6-12.

［5］ 逯新红.日本国土规划改革促进城市化进程及对中国的启示 [J].城市发展研究，2011，18（05）：34-37.

［6］ 程蓉.15分钟社区生活圈的空间治理对策 [J].规划师，2018，34（05）：115-121.

［7］ 李萌.基于居民行为需求特征的"15分钟社区生活圈"规划对策研究 [J].城市规划学刊，2017（01）：111-118.

［8］ 中华人民共和国住房和城乡建设部.城市居住区规划设计标准 [Z].2018-12.

［9］ 肖作鹏，柴彦威，张艳.国内外生活圈规划研究与规划实践进展述评 [J].规划师，2014，30（10）：89-95.

［10］袁家冬，孙振杰，张娜，赵哲.基于"日常生活圈"的我国城市地域系统的重建 [J].地理科学，2005（01）：17-22.

［11］IBM商业价值研究院.智慧地球 [M].上海：东方出版社，2009.

［12］Hannele Ahvenniemi, Aapo Huovila, Isabe Pinto-Seppä, Miimu Airaksinen. What are the differences between sustainable and smart cities? Cities, 2017（60）：234-245.

［13］孙中亚，甄峰.智慧城市研究与规划实践述评 [J].规划师，2013（2）：32-36.

［14］Batty M, Axhausen KW, Giannotti F, et al. Smart cities of the future[J]. The European Physical Journal Special Topics, 2012（214）：481-518.

［15］柴彦威，申悦，陈梓峰.基于时空间行为的人本导向的智慧城市规划与管理 [J].国际城市规划，2014（6）.

［16］柴彦威，郭文伯. 中国城市社区管理与服务的智慧化路径 [J]. 地理科学进展，2015，34
（04）：466-472.

［17］申悦，柴彦威，马修军. 人本导向的智慧社区的概念、模式与架构 [J]. 现代城市研究，
2014（10）：13-17，24.

［18］Degbelo Auriol, Granell Carlos, Trilles Sergio. Opening up Smart Cities_Citizen-Centric
Challenges and Opportunities from GIScience. ISPRS International Journal of Geo-Information.
2016, 5（2）: 16.

［19］中华人民共和国住房和城乡建设部. 智慧社区建设指南（试行）[Z]. 2014-05.

［20］高翔，王勇. 数据融合技术综述 [J]. 计算机测量与控制，2002，10（11）：706-709.

［21］唐文静. 海陆地理空间矢量数据融合技术研究 [D]. 哈尔滨工程大学，2009.

［22］李娟，李甦，李斯娜，陈新亿. 多传感器数据融合技术综述 [J]. 云南大学学报（自然
科学版），2008，30（S2）：241-246.

［23］张义，陈虞君，杜博文，蒲菊华，熊璋. 智慧城市多模式数据融合模型 [J]. 北京航空航天
大学学报，2016，42（12）：2683-2690.

［24］小野忠熙. 周防地区的生活地域构造 [J]. 人文地理，1969（3）：40-49.

［25］朱一荣. 韩国住区规划的发展及其启示 [J]. 国际城市规划，2009，24（05）：106-110.

［26］陈青慧，徐培玮. 城市生活居住环境质量评价方法初探 [J]. 城市规划，1987（5）：52-58.

［27］朱查松，王德，马力. 基于生活圈的城乡公共服务设施配置研究——以仙桃为例 [C]//2010
中国城市规划年会，2010.

［28］柴彦威，张雪，孙道胜. 基于时空间行为的城市生活圈规划研究——以北京市为例 [J]. 城
市规划学刊，2015（03）：61-69.

［29］小出武. 长野市的生活关系圈 [J]. 地理评，1953（26）：145-154.

［30］蔡玉梅，顾林生，李景玉，等. 日本六次国土综合开发规划的演变及启示 [J]. 中国土地
科学，2008（8）：76-80.

［31］张艳，柴彦威，颜亚宁. 城市社区周边商业环境的特征与评价——基于北京市内 7 个社区
的调查 [J]. 城市发展研究，2008，15（6）：62-69.

［32］熊薇，徐逸伦. 基于公共设施角度的城市人居环境研究—以南京市为例 [J]. 现代城市研究，
2010（12）：35-42.

［33］崔真真，黄晓春，何莲娜，等. 基于 POI 数据的城市生活便利度指数研究 [J]. 地理信息
世界，2016（3）：27-33.

［34］萧敬豪，周岱霖，胡嘉佩．基于决策树原理的社区生活圈测度与评价方法——以广州市番禺区为例 [J]. 规划师，2018，34（03）：91-96.

［35］赵彦云，张波，周芳．基于 POI 的北京市"15 分钟社区生活圈"空间测度研究 [J]. 调研世界，2018（05）：17-24.

［36］杜伊，金云峰．社区生活圈的公共开放空间绩效研究——以上海市中心城区为例 [J]. 现代城市研究，2018（05）：101-108.

［37］杨宗棋．台中都会区地方生活圈通勤就业活动空间分布之研究 [D]. 台中：逢甲大学，2004.

［38］冯正明．高铁宣达一日生活圈时代来临 [J]. 营建知讯，2005（7）：6-11.

［39］陈丽瑛．生活圈，都会区与都市体系 [J]. 经济前瞻，1989（16）：127-128.

［40］陈丽瑛．对"国建六年计划"产业圈与生活圈规划之评议 [J]. 经济前瞻，1991（22）：48-51.

［41］廖远涛，胡嘉佩，周岱霖，萧敬豪．社区生活圈的规划实施途径研究 [J]. 规划师，2018，34（07）：94-99.

［42］黄瓴，明峻宇，赵畅，宋春攀．山地城市社区生活圈特征识别与规划策略 [J]. 规划师，2019，35（03）：11-17.

［43］郭嵘，李元，黄梦石．哈尔滨 15 分钟社区生活圈划定及步行网络优化策略 [J]. 规划师，2019，35（04）：18-24.

［44］SCOTT D, JACKSON E L. Factors that limit and strategies that might encourage people's use of public parks [J]. Journal of Park and Recreation Administration, 1996, 14（1）: 1-17.

［45］HART J T. The inverse care law [J]. The Lancet, 1971, 297（7696）: 405-412.

［46］PANTER J, JONES A, HILLSDON M. Equity of access to physical activity facilities in an English city [J]. Preventive Medicine, 2008, 46（4）: 303-307.

［47］OMER I. Evaluating accessibility using house-level data: A spatial equity perspective [J]. Computers, Environment and Urban Systems, 2006, 30（3）: 254-274.

［48］李敏纳，覃成林，李润田．中国社会性公共服务区域差异分析 [J]. 经济地理，2009，29（06）：887-893.

［49］应联行．杭州城市社区现状及公共服务设施研究 [J]. 规划师，2004（05）：93-96.

［50］高军波，付景保，叶昌东．广州城市公共服务设施的空间特征及其成因分析 [J]. 地域研究与开发，2012，31（06）：70-75.

[51] 魏宗财，甄峰，马强，孙瑞娟，张增玲．深圳市公共文化场所空间分布格局研究 [J]．热带地理，2007（06）：526-531.

[52] 田冬迪，芮建勋，陈能．上海市公共文化设施数量特征与空间格局研究 [J]．规划师，2011，27（11）：24-28.

[53] PACIONE M. Access to urban services—the case of secondary schools in Glasgow[J]. The Scottish Geographical Magazine，1989，105（1）：12-18.

[54] TALEN E，ANSELIN L. Assessing spatial equity：an evaluation of measures of accessibility to public playgrounds [J]. Environment and Planning A，1998，30（4）：595-613.

[55] STERN E，MICHLIS M. Redefining high school catchment areas with varying effects of achievement equality [J]. Applied Geography，1986，6（4）：297-308.

[56] JOSEPH A E，BANTOCK P R. Measuring potential physical accessibility to general practitioners in rural areas：a method and case study[J]. Social Science & Medicine，1982，16（1）：85-90.

[57] 宋正娜，陈雯．基于潜能模型的医疗设施空间可达性评价方法 [J]．地理科学进展，2009，28（06）：848-854.

[58] 刘正兵，张超，戴特奇．北京多种公共服务设施可达性评价 [J]．经济地理，2018，38（06）：77-84.

[59] 孔云峰，李小建，张雪峰．农村中小学布局调整之空间可达性分析——以河南省巩义市初级中学为例 [J]．遥感学报，2008（05）：800-809.

[60] 林千琪．都市地区国民中学学校设施区位选择之研究 [D]．台中：朝阳科技大学，2002.

[61] 肖晶．城乡一体化背景下的志丹县公共服务设施规划研究 [D]．西安：西安建筑科技大学，2011.

[62] 周晓猛，刘茂，王阳．紧急避难场所优化布局理论研究 [J]．安全与环境学报，2006，6（B07）：118-121.

[63] 朱华华，闫浩文，李玉龙．基于 Voronoi 图的公共服务设施布局优化方法 [J]．测绘科学，2008（02）：72-74.

[64] 陈建国．区位分析中的若干可计算模型研究 [D]．上海：华东师范大学，2005.

[65] 宋聚生，孙艺，孙泊洋．基于行政边界优化的社区中心规划——以重庆市江北区为例 [J]．规划师，2016，32（08）：98-105.

[66] 王伟，吴志强．基于 Voronoi 模型的城市公共设施空间布局优化研究——以济南市区小学为例 [A]．中国城市规划学会．和谐城市规划——2007 中国城市规划年会论文集 [C]．中国

城市规划学会：中国城市规划学会，2007：5.

［67］Maria-Isabel M M，Fermin B G，Jaime P A，et al. Active，Reactive and Harmonic Control for Distributed Energy Micro-Storage Systems in Smart Communities Homes[J]. Energies，2017，10（4）：448-458.

［68］Three-Party Energy Management With Distributed Energy Resources in Smart Grid[J]. IEEE Transactions on Industrial Electronics，2015，62（4）：2487-2498.

［69］Mital M，Pani A K，Damodaran S，et al. Cloud based management and control system for smart communities：A practical case study[J]. Computers in Industry，2015，74：S0166361515300154.

［70］Xia F，Asabere N Y，Ahmed A M，et al. Mobile Multimedia Recommendation in Smart Communities：A Survey[J]. IEEE Access，2013，1：606-624.

［71］John Naisbitt. Gig Trend-change in our lives is a new direction，Beijing：Chinese Social Science Publishing House，2008，pp.136-137.

［72］Smith Groham. Mechanisma for Public Participation，Canadian，2010，pp.98-101.

［73］郑从卓，顾德道，高光耀.我国智慧社区服务体系构建的对策研究[J].科技管理研究，2013，33（09）：53-56.

［74］梁丽.北京市智慧社区发展现状与对策研究[J].电子政务，2016（08）：119-125.

［75］宋煜.社区治理视角下的智慧社区的理论与实践研究[J].电子政务，2015（06）：83-90.

［76］JM Eger，Smart Growth，Smart Cities，and the Crisis at the Pump A Worldwide Phenomenon[J]，IOS Press，2009，32（1）：47-53.

［77］王京春，高斌，类延旭，方华英，高飞.浅析智慧社区的相关概念及其应用实践——以北京市海淀区清华园街道为例[J].理论导刊，2012（11）：13-15.

［78］吴胜武，朱召法，吴汉元，段永华."智"聚"慧"生——海曙区智慧社区建设与运行模式初探[J].城市发展研究，2013，20（06）：145-147.

［79］徐宏伟.智慧社区建设背景下的基层社会治理研究——以江苏路街道为例[C]，上海交通大学，2014：45-46.

［80］刘思，路旭，李古月.沈阳市智慧社区发展评价与智慧管理策略[J].规划师，2017，33（05）：14-20.

［81］唐美玲，张建坤，雏香云，邵秋虎.智慧社区居家养老服务模式构建研究[J].西北人口，2017，38（06）：58-63，71.

［82］王宏禹，王啸宇.养护医三位一体：智慧社区居家精细化养老服务体系研究[J].武汉大学

学报（哲学社会科学版），2018，71（04）：156–168.

［83］席茂，张锦．基于时空信息服务构建智慧社区 [J]．测绘通报，2014（S2）：307–310.

［84］杜福光，张亚南．基于云计算的智慧唐山时空信息平台数据库构建 [J]．测绘工程，2015，
　　　24（11）：59–63.

［85］贺凯盈，杨志强．智慧社区管理系统建设 [J]．测绘通报，2016（S2）：245–247

［86］陈莉，卢芹，乔菁菁．智慧社区养老服务体系构建研究 [J]．人口学刊，2016，38（03）：
　　　67–73.

［87］梁丽．"十三五"时期北京市智慧社区建设创新发展研究 [J]．电子政务，2017（12）：
　　　54–63.

［88］姜晓萍，张璇．智慧社区的关键问题：内涵、维度与质量标准 [J]．上海行政学院学报，
　　　2017，18（06）：4–13.

［89］赵民．居住区公共服务设施配建指标体系研究，2002.

［90］仇保兴．我国城镇化高速发展期面临的若干挑战 [J]．城市发展研究，2003，10（6）：1–15.

［91］徐晓燕，叶鹏．城市社区设施的自足性与区位性关系研究 [J]．城市问题，2010（3）：62–66.

［92］中共中央办公厅、国务院办公厅．民政部关于在全国推进城市社区建设的意见 [Z].2000.

［93］魏伟，洪梦谣，谢波．基于供需匹配的武汉市 15 分钟生活圈划定与空间优化 [J]．规划师，
　　　2019，35（04）：11–17.

［94］杨春侠，史敏，耿慧志．基于城市肌理层级解读的滨水步行可达性研究——以上海市苏
　　　州河河口地区为例 [J]．城市规划，2018（2）：104–114.

［95］于一凡．从传统居住区规划到社区生活圈规划 [J]．城市规划，2019，43（05）：17–22.

［96］张京祥，陈浩．中国的"压缩"城市化环境与规划应对 [J]．城市规划学刊，2010，（6）：
　　　10–21.

［97］孙道胜，柴彦威，张艳．社区生活圈的界定与测度：以北京清河地区为例 [J]．城市发展研究，
　　　2016（9）：1–9.

［98］左进，苏薇，李晨．天津市河东区总体城市设计 [R]．天津：天津市城市规划设计研究院，
　　　2016：34.

［99］何振华．旧城区社区公共服务设施规划研究 [D]．重庆大学，2016.

［100］龙瀛，郎嵬．新数据环境下的中国人居环境研究 [C]// 城市与区域规划研究，2016.

［101］席广亮，甄峰．互联网影响下的空间流动性及规划应对策略 [J]．规划师，2016，32（04）：
　　　11–16.

［102］朱蕊，胡英男，周滨，严薇．空间数据更新中多源数据不一致的表现与成因分析 [J]．测绘通报，2014（03）：107-110．

［103］苏莹，王英杰，余卓渊，谭雨奇．人口信息空间可视化系统设计研究 [J]．测绘科学，2005（03）：38-40+4．

［104］郑思齐，于都，孙聪，张耕田．基于供需匹配的城市基础教育设施配置问题研究：以合肥市为例 [J]．华东师范大学学报（哲学社会科学版），2017，49（01）：133-138，176．

［105］樊立惠，蔺雪芹，王岱．北京市公共服务设施供需协调发展的时空演化特征——以教育医疗设施为例 [J]．人文地理，2015，30（01）：90-97．

［106］宋小冬，陈晨，周静，翟永磊，李书杰．城市中小学布局规划方法的探讨与改进 [J]．城市规划，2014，38（08）：48-56．

［107］刘玉亭，何微丹．广州市保障房住区公共服务设施的供需特征及其成因机制 [J]．现代城市研究，2016（06）：2-10．

［108］朱雪梅．中国·天津·五大道——历史文化街区保护与更新规划研究 [M]，江苏：科学技术出版社，2013，6：35-38．

［109］邹伦，张晶，赵伟．地理信息系统 [M]．北京：电子工业出版社，2002．

［110］汤国安，杨昕．ArcGIS GIS 空间分析实验教程 [M]．北京：科学出版社，2006：579．

［111］林兵，新长，少坤．WebGIS 原理与方法教程 [M]．北京：科学出版社，2006．

［112］荒井良雄．圈域生活行动的位相空间 [J]．地域开发，1985（10）：45-46．

［113］王兴中．中国内陆中心城市日常城市体系及其范围界定——以西安为例 [J]．人文地理，1995（01）：1-13．

［114］孙峰华，王兴中．中国城市生活空间及社区可持续发展研究现状与趋势 [J]．地理科学进展，2002（05）：491-499．

［115］张杰，吕杰．从大尺度城市设计到"日常生活空间" [J]．城市规划，2003（09）：40-45．

［116］王开泳．城市生活空间研究述评 [J]．地理科学进展，2011，30（06）：691-698．

［117］李广东，方创琳．城市生态—生产—生活空间功能定量识别与分析 [J]．地理学报，2016，71（01）：49-65．

［118］奚东帆，吴秋晴，张敏清，郑轶楠．面向 2040 年的上海社区生活圈规划与建设路径探索 [J]．上海城市规划，2017（04）：65-69．

［119］吴秋晴．生活圈构建视角下特大城市社区动态规划探索 [J]．上海城市规划，2015（04）：13-19．

［120］袁丽丽 . 城市化进程中城市用地结构演变及其驱动机制分析 [J]. 地理与地理信息科学，
2005，21（3）：51–55.

［121］蔡运龙 . 土地利用 / 土地覆被变化研究：寻求新的综合途径 [J]. 地理研究，2001，20（6）：
645–652.

［122］Ewing R，Cervero R. Travel and the Built Environment：A Meta–Analysis[J]. Journal of the
American Planning Association，2010，76：265–294.

［123］宋彦李青，王竹影 . 城市老年人活动——出行行为特征及相关建成环境影响研究 [J]. 西
南交通大学学报（社会科学版），2018，19（06）：77–89.

［124］Feng J，Glass T A，Curriero F C，et al. The Built Environment and Obesity：A Systematic
Review of the Epidemiologic Evidence[J]. Health & Place，2010，16（2）：175–190.

［125］郑德高，葛春晖 . 对新一轮大城市总体规划编制的若干思考 [J]. 城市规划，2014，38（S2）：
90–98，104.

［126］张中华，张沛，朱菁 . 场所理论应用于城市空间设计研究探讨 [J]. 现代城市研究，2010，
25（04）：29–39.

［127］闫永涛，曾堃，萧敬豪 . 面向开放街区的公共服务设施绩效评价及规划策略 [J]. 规划师，
2017，33（S2）：134–139.

［128］徐毅松，廖志强，张尚武，等 . 上海市城市空间格局优化的战略思考 [J]. 城市规划学刊，
2017（02）：20–30.

［129］谢秉磊，丁川 . TOD 下城市轨道交通与土地利用的协调关系评价 [J]. 交通运输系统工程
与信息，2013，13（02）：9–13，41.

［130］Waddell P，Ulfarsson G F，Franklin J P，et al. Incorporating land use in metropolitan
transportation planning[J]. Transportation Research Part A，2007，41（5）：382–410.

［131］Yim K K，Wong S C，Anthony Chen，et al. Areliability–based land use and transportation
optimization model[J]. Transportation Research Part C，2011，19（2）：351–362.

［132］孙丕苓，许月卿，刘庆果等 . 环京津贫困带土地利用多功能性的县域尺度时空分异及影
响因素 [J]. 农业工程学报，2017，33（15）：283–292.

［133］陈德绩，章征涛，王玉强 . 基于规划实施的民生设施整合探索——以珠海为例 [J]. 城市
发展研究，2018，25（09）：91–98.

［134］胡庭浩，沈山 . 老年友好型城市研究进展与建设实践 [J]. 现代城市研究，2014（9）：
14–20.

［135］李颖，颜婷，曾艺元，刘洁贞，周永杰.行为量化分析视角下的公共服务设施有效使用评估研究 [J].规划师，2019（02）：66-72.

［136］霍仁龙，姚勇.基于地理信息系统的历史数据库建设——以近代西南边疆游记数据库为例 [J].西南民族大学学报（人文社科版），2018，39（12）：235-240.

［137］李乐，张恒，孙保磊等.大数据在城市规划中的应用研究 [C]// 第十七届中国科协年会——分16 大数据与城乡治理研讨会论文集，2015.

［138］吴炜，骆剑承，沈占锋，朱志文.光谱和形状特征相结合的高分辨率遥感图像的建筑物提取方法 [J].武汉大学学报（信息科学版），2012，37（07）：800-805.

［139］Gupta R，Rao U P. An Exploration to Location Based Service and Its Privacy Preserving Techniques：A Survey[J]. Wireless Personal Communications，2017，96（2）：1973-2007.

［140］孙津，龚建华，周洁萍.基于智能手机定位与活动日志调查的个体行为时空数据管理与对比研究 [J].地理与地理信息科学，2018，34（05）：68-73+2.

［141］Cobb M，Chung M，Foley H. A Rule-based Approach for the Conflation of Attributed Vector Data[J]. GeoInformation，1998，2（1）：7-35.

［142］陈换新，孙群，肖强，肖计划.空间数据融合技术在空间数据生产及更新中的应用 [J].武汉大学学报（信息科学版），2014，39（01）：117-122.

［143］崔铁军，郭黎.多源地理空间矢量数据集成与融合方法探讨 [J].测绘科学技术学报，2007，24（1）：1-4.

［144］刘小飞，关昆，于海波，冯涛.多源多目标空间数据库的一体化集成与管理技术研究 [J].测绘通报，2014（12）：97-100.

［145］徐枫，邓敏，赵彬彬.空间目标匹配方法的应用分析 [J].地球信息科学学报，2009，11（5）：657-663.

［146］柴彦威，于一凡，王慧芳，吕海虹，程蓉，王德，王兰，黄瓴，武凤文.学术对话：从居住区规划到社区生活圈规划 [J].城市规划，2019，43（05）：23-32.

［147］李晨.从低效走向高效——城市存量街区更新实践探索一 [A].中国城市规划学会、沈阳市人民政府.规划 60 年：成就与挑战——2016 中国城市规划年会论文集（12 规划实施与管理）[C].中国城市规划学会、沈阳市人民政府：中国城市规划学会，2016：9.

［148］谢小华，王瑞璋，文东宏，张智勇.医疗设施布局的 GIS 优化评价——以翔安区医疗设施为例 [J].地球信息科学学报，2015，17（03）：317-328.

［149］马秀红，宋建社，董晟飞.数据挖掘中决策树的探讨 [J].计算机工程与应用，2004（01）：

185-214.

［150］COOPER L. Location-Allocation Problems[J]. Operations Research，1963，11（3）：331-343.

［151］葛天阳，后文君，阳建强. 步行优先指导下的英国城市中心区发展［J］. 国际城市规划，2019，34（01）：108-118.

［152］赵小阳，孙颖. 大数据背景下的城市大比例尺地形图更新及应用探讨［J］. 测绘通报，2016（02）：116-119.

［153］刘建华，毛政元. 高空间分辨率遥感影像分割方法研究综述［J］. 遥感信息，2009（06）：95-101.

［154］赵敏，陈卫平，王海燕. 基于遥感影像变化检测技术的地形图更新［J］. 测绘通报，2013（04）：65-67.

［155］董南，杨小唤，黄栋，韩冬锐. 引入城市公共设施要素的人口数据空间化方法研究［J］. 地球信息科学学报，2018，20（07）：918-928.

［156］董南，杨小唤，蔡红艳. 基于居住空间属性的人口数据空间化方法研究［J］. 地理科学进展，2016，35（11）：1317-1328.

［157］柏中强，王卷乐，杨飞. 人口数据空间化研究综述［J］. 地理科学进展，2013，32（11）：1692-1702.

［158］朱瑾，李建松，蒋子龙，程琦. 基于"实有人口、实有房屋"数据的精细化人口空间化处理方法及应用研究［J］. 东北师大学报（自然科学版），2018，50（03）：133-140.

［159］Linze Li, Jiansong Li, Zilong Jiang, et al. Methods of Population Spatialization Based on the Classification Information of Buildings from China's First National Geoinformation Survey in Urban Area: A Case Study of Wuchang District, Wuhan City, China[J]. Sensors, 2018, 18（8）.

［160］柯文前，俞肇元，陈伟，王晗，赵珍珍. 人类时空间行为数据观测体系架构及其关键问题［J］. 地理研究，2015，34（02）：373-383.

［161］秦萧，甄峰，熊丽芳，朱寿佳. 大数据时代城市时空间行为研究方法［J］. 地理科学进展，2013，32（09）：1352-1361.

# 后记

　　居住区配套设施是城市居民日常生活的基本保障，优化配套设施空间配置是提升人民生活质量的重要内容。随着 2018 年 12 月《城市居住区规划设计标准》GB 50180—2018 的正式实施，城市居住区配套设施布局从"半径覆盖"的传统方法，转向强调"步行可达"的社区生活圈建设。面对规划理念和规划标准的转变，本书以天津市河东区为例，从"数据基础—研究应用"两部分对面向智慧化建设的社区生活圈配套设施布局优化的工作方法进行了深入的研究和总结，试图通过运用大数据、空间分析等智慧化技术整合城市多源数据、统筹社区空间资源，进而推动社区生活圈配套设施空间布局的精准优化。

　　本书工作自 2018 年 9 月开始，历时近一年半，由左进副教授全面负责，孟蕾、曾韵协助撰写，天津大学建筑学院城市更新与智能技术研究室全体成员协同参与。感谢天津市城市规划设计研究院数字规划技术研究中心李刚主任、张恒高级工程师、于靖工程师、孟悦、邢晓旭、马嘉佑等，愿景公司苏薇高级规划师、李晨规划师等，以及中国科学院空天信息创新研究院骆剑承研究员、张新研究员、胡晓东博士、郜丽静博士等为本书研究提供的大力支持。在这个研究团队中，每个参与者都在互相学习和积极贡献中扮演着不可或缺的角色。所以，本书是集体智慧的结晶。

　　本书的完成是左进副教授主持的天津市哲学社会科学规划研究项目（TJGL18-021）的重要成果。感谢重庆大学赵万民教授为本书作序，赵老师的鼓励与支持将激励我们继续努力奋进。感谢中国建筑工业出版社的唐旭主任、张华编辑为本书出版付出了辛勤工作。在此，我们对所有参与和支持本书工作的人士表示衷心的感谢。

　　本书的撰写是一个不断思考和探索的过程，限于时间与经验的不足，谨以虔诚之心，乞教于学界师长与朋友，敬请对书中不当之处批评指正。

左进

2020 年 3 月于天津大学